Robert Keller

Flora von Winterthur

1. Teil

Robert Keller

Flora von Winterthur
1. Teil

ISBN/EAN: 9783743343061

Hergestellt in Europa, USA, Kanada, Australien, Japan

Cover: Foto ©berggeist007 / pixelio.de

Robert Keller

Flora von Winterthur

Flora von Winterthur.

. . .

Von

Dr. Robert Keller.

I. Teil (1. Hälfte).

Die Standorte der in der Umgebung von Winterthur wildwachsenden Phanerogamen, sowie der Adventivflora.

WINTERTHUR.

Buchdruckerei Geschwister Ziegler.

1891.

Die Pflanzenwelt meiner engern Heimat möchte ich in der „Flora von Winterthur" von zwei Gesichtspunkten aus darstellen, welche naturgemäs zu einer Zweiteilung meiner Arbeit führen. Der erste, vorliegende Teil will eine möglichst vollständige Uebersicht über die Standorte der in der Umgebung von Winterthur wildwachsenden Phanerogamen, sowie der Adventivflora bringen. Die Gegend, auf welche sich das Standortsverzeichnis bezieht, umfasst nur die nähere (5—8 Km.) Umgebung von Winterthur. Die Grenzpunkte unseres Gebietes sind also ungefähr die Ortschaften Hünikon im Nordwesten, Ober-Embrach im Westen, Winterberg im Südwesten, Weisslingen im Südosten und Rickenbach im Nordosten.

In das Verzeichnis habe ich nur solche Pflanzen aufgenommen, die ich selbst im Gebiete lebend sah, oder von denen mir Exsiccaten mitgeteilt wurden oder über deren Vorkommen ich zuverlässige Angaben aus neuerer Zeit erhielt.

Die Hülfsquellen, die mir zu Gebote standen, sind folgende:

A. Literatur.

Gremli, Neue Beiträge zur Flora der Schweiz, Heft 1—5.
Die hier vorkommenden Angaben finden sich im Original in einzelnen der sub B aufgeführten Hülfsmittel.

Herter, Die Flora in der Heimatkunde von Winterthur und Umgebung. 1887.
In den anmutigen Vegetationsbildern, in denen der Verfasser uns die heimische Flora vor Augen führt, werden zahlreiche Blütenpflanzen namhaft gemacht. Specielle Stand-

ortsangaben finden sich jedoch nur in beschränkter Zahl.
Zudem ist ein Teil derselben für das Standortsverzeichnis
nicht verwertbar, da Herter in seiner citirten Arbeit das
Gebiet erheblich weiter fasst, als wie es oben umschrieben
wurde.

Jäggi, Eglisau in botanischer Beziehung. 1883.
Die östlichsten Standortsangaben greifen eben noch in
unser Gebiet ein. ‾ Sie werden deshalb berücksicht.

Jäggi, Bericht über neue und wichtigere Beobachtungen,
abgestattet von der Commission für die Flora
von Deutschland. XXII. Schweiz in Berichte der
deutschen botanischen Gesellschaft. Bd. VI und VII.
1888—90.
Die in diesen Berichten erwähnten Standorte unserer
Umgebung finden sich ebenfalls in einzelnen der sub B
erwähnten Quellen.

Kölliker, Verzeichnis der phanerogamischen Gewächse
des Kantons Zürich. 1839.
In dieser ersten Flora unseres Kantons werden etwas
zu 300 specielle Standorte unseres Gebietes angeführt. Ich
gebe aus dem Werke nur jene Arten in Kleindruck wieder,
welche von Neuern nicht mehr beobachtet, zum Teil wol
übersehen wurden.

Keller, Dr., *Rob.,* Wilde Rosen des Kantons Zürich. Botanisches Centralblatt, Bd. XXXV. 1888.

Keller, Dr., *Rob.,* Das Potentillarium von Herrn H. Siegfried in Winterthur. Botan. Centralblatt, 1889.

Keller, Dr., *Rob.,* Beiträge zur schweizerischen Phanerogamenflora. II. Die Coniferenmistel. Botanisches
Centralblatt, 1890.

B. Handschriftliche Quellen.

Caflisch, Notizen zur Phanerogamenflora von Winterthur.
Standortsangaben von circa 60 selteneren Species.

Herter, Ergänzende Notizen zu oben cit. Publication.

Hug (†), Verzeichnis wildwachsender und kultivierter Arten aus der Umgebung von Winterthur. Dasselbe umfasst 799 Nummern. Es entspricht zum grossen Teil dem Siegfried'schen Verzeichnis.

Siegfried, Ein einlässliches Verzeichnis, in welchem namentlich verschiedene polymorphe Genera wie Potentilla, Epilobium, Cirsium, Mentha eingehende Berücksichtigung finden.

Steiner, Dr., Zur Flora von Winterthur, ein Verzeichnis von circa 300 meist weniger häufiger Arten mit genauen Standortsangaben.

Weinmann, Dr. (†), Ein Standortsverzeichnis schweizerischer, vorwiegend zürcherischer Phanerogamen, in welchem auch die hiesige Gegend einige Berücksichtigung gefunden hat.

C. Herbarien.

Herbarium Hug. Die Mutter des zu früh verstorbenen, eifrigen Naturfreundes hat das 25 Bände umfassende Herbarium in hochherziger Weise dem Museum Winterthur geschenkt. Dasselbe enthält die Belege zu den im Standortsverzeichnis aufgezählten Arten.

Herbarium Pfau. Eine kleinere Sammlung, die mir von meinem Freunde Richard Pfau geschenkt wurde. Die Zahl der aus dem Gebiete stammenden Exsiccaten ist jedoch keine grosse.

Herbarium Schellenbaum. Vor einigen Jahren habe ich dasselbe käuflich erworben. Es enthält die Belege zu den Standortsangaben von Hirzel (†), Imhoof (†) und Schellenbaum (†).

Herbarium Siegfried. Es enthält alle Belege zu den Standortsangaben Siegfrieds und ist namentlich reich an vielen interessanten Formen.

Herbarium Ziegler. Dasselbe, 5 Bände umfassend, wurde mir kürzlich von Herrn Redaktor Z i e g l e r in liebenswürdiger Weise geschenkt. Es enthält die Belege einer Reihe seltenerer Arten, welche sein Sohn G o t t l i e b (†) in der Umgebung von Winterthur sammelte.

Sch-F. bedeutet Funde von Schülern. Ich habe nur die durchaus zuverlässigen Standortsangaben aufgenommen.

Anmerkung. Das H e r b a r i u m v o n L e h r e r G e i l i n g e r (†), welches von Frln. G e i l i n g e r seiner Zeit dem hiesigen Lehrerinnenseminar geschenkt wurde, liess sich für die vorliegende Arbeit nicht verwerten, da die Standortsangaben fehlen.

Die Exsiccatennummern beziehen sich auf die in m e i n e m H e r b a r i u m befindlichen Arten und Formen der Flora von Winterthur. Dasselbe enthält unter anderem vor allem zum ersten Male umfangreichere Belege zürcherischer Rosen und Rubi, speciell unseres Gebietes.

Wo nichts anderes bemerkt ist, entspricht die systematische Anordnung der von N y m a n n in seinem C o s p e c t u s F l o r a e E u r o p a e a e befolgten.

Der zweite, später zu erscheinende Teil soll der Entwicklungsgeschichte unserer Flora gewidmet sein.

Allen denen, die mich durch ihre Mitteilungen bei der vorliegenden Arbeit förderten und in so bereitwilliger Weise unterstützten, spreche ich an dieser Stelle meinen aufrichtigen Dank aus.

Die Standorte

der

in der Umgebung von Winterthur wildwachsenden Phanerogamen, sowie der Adventivflora.

———————

Cl. I. Dicotyledoneæ.

Subcl. I. Thalamifloræ.

I. Ranunculaceæ Juss.

Clematis Linné.

1. *C. Vitalba* L.
   Exsicc. Nr. 1.
   Gebüsche; überall.

Pulsatilla Mill.

2. *P. vulgaris* Mill.
   Exsicc. Nr. 2, 2 a, 2 b.
   Sonnige Hügel. Nicht mehr so häufig wie früher.
   Wolfensberg (Siegfried, Herter, Keller, Hug); Hoh-Wülf-
   lingen (Steiner, Ziegler, Herter, Siegfried, Keller, Hug);
   ob Töss (Siegfried); Neftenbach gegen den Radhof (Heer
   in herb. helv., Siegfried, Hug); Multberg (Keller); Wald-
   wiesen ob Dynhard (Keller); Irchel ob Dättlikon (Herter);
   Hügel zwischen Seuzach und Hettlingen (Herter).
   Var. fl. roseo.
   Am Irchel (Steiner); Hoh-Wülflingen (Herter, Siegfried,
   Hug).

Anemone L.

3. *A. nemorosa* L.
   Exsicc. Nr. 3, 3 a, 3 b.
   Wälder, Gebüsch; überall.

f. rubriflora.
Exsicc. Nr. 4, 4 a.

Nicht selten unter der normalen Form.

Mit tiefroten Blüten in einem Wäldchen zwischen Seuzach und Lindberg (Keller); Wolfensberg (Siegfried); Hegiwald (Keller); Kyburger Schlossberg (Keller); hinter dem Hof Eschenberg gegen Kyburg (Herter).

Anmerkung: Bildungsabweichungen der Blüte: Bl. halbgefüllt (18—20 Pg.blätter); äussere Blütenhüllblätter laubblattartig. Exsicc. Nr. 5.
Wolfensberg (Siegfried); Thurmhalde (Siegfried).
Blüte auf gleicher Höhe mit den Hüllblättern stehend; diese zu zwei. Exsicc. Nr. 6.
Kyburg (Keller).

4. *A. ranunculoides* L.
Exsicc. Nr. 7, 7 a, 7 b.

An der Töss gegen die Kemptbrücke (Hirzel); in der Au bei Rickenbach (Steiner, Herter); Bühl-Winterthur (Imhoof, Keller), doch wohl nicht spontan!

Thalictrum L.

5. *Th. aquilegifolium* L.
Exsicc. Nr. 8.

Waldränder, stellenweise häufig, doch nur zerstreut.

Waldungen an der Töss (Steiner); Linsetal: vom Sennhof bis hinunter zum Reitplatz häufig (Keller); Beerenberg (Herter); Eschenberg (Herter); Schlosstal (Herter); hinter dem Bruderhaus (Hug); Brühlberg westlich vom Schiessstand (Herter).

Ficaria Huds.

6. *F. verna* Huds.
Exsicc. Nr. 9, 9 a.

Wiesen, Hecken etc.; überall.

Ranunculus L.

7. *R. aconitifolius* L.
Exsicc. Nr. 10, 10 a.

Ufer, sehr spärlich.

Linsetal (Steiner, Herter, Siegfried); an der Töss unterhalb Kyburg (Caflisch); hinter dem Bruderhaus an der Töss (Hug); Wuhrland an der Töss unterhalb des Reitplatzes (Ziegler); zwischen der Eisenbahnbrücke über die Töss und dem Reitplatz (Keller); an der Kempt herwärts Kempttal (Keller); an der Zürcherstrasse nahe bei der Kemptbrücke (Keller); an der Töss gegenüber der Schollenberger Mühle (Keller); beim Schlosshof (Caflisch).

8. *R. nemorosus* Dec.
Exsicc. Nr. 11, 11 a.
Wälder.

Strassenbord zwischen Seen und Yberg (Schellenbaum); Wolfbühl über dem Schlosshof (Siegfried, Hug); Nord- und Südabhang von Hoh-Wülflingen und Tösserberg (Siegfried); ob Neftenbach (Siegfried); ob Dättlikon (Siegfried); Beerenberg (Siegfried); Schlossmühle (Siegfried).

9. *R. repens* L.
Exsicc. Nr. 12.
An Gräben, in Aeckern, an Wegränden; überall.

Eine *f. erecta* mit aufrechten Stengeln hin und wieder an Gräben.
Exsicc. Nr. 13.
Schützenwiese (Siegfried); an Gräben ausserhalb der Reitschule (Keller).

10. *R. montanus* W.
Selten, an der Töss.
Linsetal an der Töss, von der frühern Holzbrücke flussabwärts am rechten Ufer (Siegfried, Herter).

11. *R. acer* L.
Exsicc. Nr. 14.
Wiesen, Wege; überall.

12. *R. auricomus* L.
Exsicc. Nr. 1001.
Blumengärten; selten.
Im Walde bei Dynhard (Steiner); Hoffnungsgut-Winterthur (Ziegler).

13. *R. bulbosus* L.
   Exsicc. Nr. 15, 15 a.
   Wiesen, Wegränder; überall.

14. *R. Lingua* L.
   Exsicc. Nr. 16.
   Sumpfgräben; nicht häufig.
   Ruchried (Siegfried); Gräben bei Rykon ob Kempttal
   (Sch-F.); Bodenlosenried bei Ober-Ohringen (Keller); Moos-
   burg bei Effretikon (Caflisch).

15. *R. Flammula* L.
   Exsicc. Nr. 17, 17 a.
   Gräben, Sümpfe; nicht selten.
   Wolfensberg (Siegfried, Keller); Ruchried (Keller); Ried-
   wiesen um Neuburg (Keller); hinter der Gasfabrik (Sieg-
   fried); Riedwiesen bei Wiesendangen (Keller); zwischen
   Ohringen und Hettlingen (Hug).

16. *R. arvensis* L.
   Exsicc. Nr. 18.
   Aecker; häufig.

Batrachium S. F. Gray.
17. *B. trichophyllum* F. Sz.
   Exsicc. Nr. 19.
   Stehende Gewässer, Gräben.
   Mattenbach (Keller); Feuerweiher Ober-Ohringen (Hug,
   Siegfried); Feuerweiher Oberwinterthur (Keller); Ohringer
   Ried (Ziegler); Feuerweiher Reutlingen (Hug).

18. *B. divaricatum* Schur.
   Exsicc. Nr. 20.
   Stehende Gewässer; selten.
   Feuerweiher Ohringen (Siegfried).

19. *B. heterophyllum* Gray.
   Exsicc. Nr. 21.
   Stehende Gewässer; sehr selten.
   Einmal im Kyburger Teich im Dorf (Hirzel).

Nigella L.

20. *N. arvensis* L.

Exsicc. Nr. 22.

Aecker oder verschleppt; selten.

Auf Brachäckern gegen Henggart (Hirzel); Bodmersmühle (Herter).

Helleborus L.

21. *H. viridis* L.

Exsicc. Nr. 23.

Gebüsch; selten.

Im Kyburger Schlossgraben hinter dem Gasthof (Siegfried, Pfau, Hug, Keller); im Gebüsch am Schloss Kyburg (Steiner, Caflisch); beim Exerzierplatz (Caflisch).

Trollius L.

22. *T. europæus* L.

Exsicc. Nr. 24, 24 a.

Nasse Wiesen der Berge.

Kollbrunn (Siegfried); um Nussberg (Steiner); Yberg (Siegfried); Walkeweiher (Ziegler); zwischen Räterschen und Ricketwil (Keller); Breitensteinwiesen bei Dickbuch (Keller); Hettlinger Ried (Benz).

Caltha L.

23. *C. palustris* L.

Exsicc. Nr. 25.

An Bächen; überall.

Aquilegia L.

24. *A. vulgaris* L.

Waldränder; selten.

Beim Walkeweiher sehr vereinzelt (Keller); zwischen Sonnenbühl und Brütten (Volkart).

f. atrata Koch.

Exsicc. Nr. 26, 26 a.

Waldränder, Gebüsche; häufig.

f. albiflora. Selten.

Wiesen beim Wiesendanger Ried (Sch-F.).

Aconitum L.

25. *A. lycoctonum* L.

Exsicc. Nr. 27.

Tösserberg (Siegfried); Brühlberg (Weinmann); Abhang bei der Ruine Alt-Wülflingen (Steiner, Ziegler, Herter, Keller, Siegfried, Hug); im Walde bei Rickenbach (Steiner); Niederfeld-Pfungen (Caflisch); Beerenberg (Herter, Siegfried).

26. *A. Napellus* L.

Linsetal bei der Kyburger Brücke (Siegfried). Herabgeschwemmt wie *R. montanus.*

Delphinium L.

27. *D. Ajacis* L.

Exsicc. Nr. 28.

Bei der Sandgrube Neftenbach, Gartenflüchtling (Keller); zwischen Kollbrunn und Weisslingen (Hug).

28. *D. Consolida* L.

Exsicc. Nr. 29, 29 a.

Aecker, hin und wieder.

Aecker vor Neftenbach (Keller); Pfungen (Hirzel); Henggart (Hirzel).

Actæa L.

29. *A. spicata* L.

Exsicc. Nr. 30, 30 a, 30 b.

Wälder; hin und wieder.

Brühlwald (Steiner, Siegfried); Eschenberg ob der Breite (Siegfried, Herter); Gamser (Ziegler); ob dem Gut (Keller); Ebnet (Caflisch); Schlosshof und hinauf gegen Alt-Wülflingen (Hug, Herter, Siegfried); Hoh-Wülflingen (Siegfried, Keller); Beerenberg (Siegfried, Caflisch); Kyburg (Keller); Tobel bei Rykon (Keller); Winterberger Steig (Keller).

II. Berberideæ Vent.

Berberis L.

30. *B. vulgaris* L.

Exsicc. Nr. 31, 31 a.

Gebüsche; häufig.

Epimedium L.

31. *E. alpinum* L.

Exsicc. Nr. 32, 32 a.

Bisweilen in Gärten und von da aus verwildert. Bühl bei Winterthur (Imhoof, Keller, Siegfried); Kyburger Schlosshalde (Sch-F., Siegfried).

III. Nymphæaceæ Dec.

Nymphæa L.

32. *N. alba* L.

Exsicc. Nr. 33.

Stehende Gewässer; nicht selten.

Neuburger und Weihertaler Ried (Keller, Hug, Siegfried); Ruchried (Keller, Siegfried); Kyburg (Ziegler); Ruchried (Siegfried).

IV. Papaveraceæ Dec.

Papaver L.

33. *P. Rhœas* L.

Exsicc. Nr. 34, 34 a.

Aecker, ungebaute Orte; häufig.

34. *P. dubium* L.

Exsicc. Nr. 35, 35 a.

Aecker; selten.

In einem Getreideacker im Bühl bei Winterthur (Imhoof); in einem Schlage beim Eggwald ob Wiesendangen (Keller).

35. *P. Argemone* L.

Exsicc. Nr. 36.

Aecker; selten.

Auf Aeckern bei Wülflingen (Hirzel).

Chelidonium L.

36. *Ch. majus* L.

Exsicc. Nr. 37.

Auf Schutt, in Hecken; überall.

V. Fumariaceæ Dec.

Corydalis Dec.

37. *C. cava* Schw.

Exsicc. Nr. 38, 38 a, 38 b.

Gebüsche; herdenweise, doch nur an wenigen Standorten.

Bühl bei Winterthur (Schellenbaum, Imhoof, Keller, Siegfried); Schanzengarten (Caflisch); am Kyburger Schlossberg (Steiner, Keller, Hug, Caflisch); im Gebüsch ob der Station Pfungen (Caflisch); Halde bei der Villa Ernst in Pfungen (Caflisch).

38. *C. solida* Sw.

Exsicc. Nr. 39.

Gebüsch; selten und wol nur angepflanzt.

Bühl bei Winterthur (Imhoof).

Fumaria L.

39. *F. officinalis* L.

Exsicc. Nr. 40.

Auf Aeckern, Schutt etc.; überall.

40. *F. Vaillantii* Lois.

Exsicc. Nr. 41, 41 a.

Aecker; selten.

Sandplätze beim Bruni bei der Brücke von Pfungen (Hirzel). Auch Imhoof erwähnt die Pflanze für Winterthur ohne besondere Standortsangabe.

VI. Cruciferæ Juss.

Raphanistrum E.

41. *R. innocuum* Med.

Exsicc. Nr. 42.

Aecker; überall.

Barbarea Br.

42. *B. vulgaris* Br.

Exsicc. Nr. 43.

Schuttstellen, Wegränder etc.; häufig.

Arabis L.

43. *A. hirsuta* Scop.

Exsicc. Nr. 44.

Hin und wieder an Wegen und Abhängen.

Schellenbaum ohne genauere Standortsangabe. An Abhängen und Wegen über der Ziegelei Neftenbach (Siegfried, Hug); Beerenberg in der Stöcklirüti (Siegfried); Kiesgruben von Neftenbach (Siegfried, Hug).

Nasturtium Br.

44. *N. officinale* R. Br.

Exsicc. Nr. 45, 45a.

Bäche, Gräben; überall.

45. *N. silvestre* R. Br.

Exsicc. Nr. 46.

An Gräben; nicht selten.

An der Schützenstrasse gegen den Frohsinn (Keller); zwischen der Neuwiesenmühle und Festhütte (Siegfried, Hug); im äussern Lindt bis zum Rosenberg (Siegfried, Keller); Ziegelei Rosenberg (Siegfried); beim Frohsinn gegen Veltheim (Siegfried); zwischen Wülflingen und Funkenbühl (Siegfried, Hug); an der Eulach hinter dem Technikum (Keller); Bahndamm beim Schlosshof (Siegfried).

46. *N. palustre* Dec.

Exsicc. Nr. 47.

Feuchte Stellen.

An Gräben unterhalb des Schützenhauses (Imhoof); Ruchried, an der Strasse (Siegfried); Gräben im Güterbahnhof (Herter).

Cardamine L.

47. *C. pratensis* L.

Exsicc. Nr. 48, 48a.

Wiesen; überall.

48. *C. amara* L.

Exsicc. Nr. 49, 49a.

An Bächen.

Ufer der Eulach (Imhoof); im Ried zwischen Oberwinterthur und Mörsburg (Imhoof); Hessengütli (Siegfried);

Mühlebach bei der Festhütte (Herter, Siegfried); am Bach beim Feuerweiher im Hard (Siegfried); Gräben vor dem Eschenberger Hof (Keller).

49. *C. hirsuta* L.

Exsicc. Nr. 50, 50 a, 50 b.

An Wegrändern, Aeckern, namentlich in Weinbergen etc.; nicht selten.

Oberwinterthurer Ried (Imhoof); Eschenberg (Imhoof); Wegränder um Winterthur (Ziegler); beim Lloydgarten (Keller); Gräben unterhalb der Weinberge von Wülflingen (Keller); Lindberg (Hug); Wolfensberg (Siegfried); Haltenberg (Siegfried); Neuwiese (Siegfried).

50. *C. silvatica* Link.

Exsicc. Nr. 51, 51 a, 51 b.

An Waldgräben; ziemlich selten.

Feuchte Gräben im Eschenberg (Imhoof, Ziegler); Waldschläge ob der Breite (Siegfried, Hug); beim Haldengut (Siegfried, Keller).

51. **Dentaria** L.

D. digitata Lam.

Sehr selten.

Waldtobel unter Brütten (Steiner).

Hesperis L.

52. *H. matronalis* L.

Exsicc. Nr. 52.

Selten und wohl nur verwildert.

Am Eisenbahndamm oberhalb der Station Pfungen (Keller); an der Eulach (Schellenbaum, Siegfried).

Alliaria Scop.

53. *A. officinalis* Andrz.

Exsicc. Nr. 53.

An Schuttstellen, Wegrändern etc.; nicht selten.

Bodmersmühle (Siegfried); massenhaft an der Eulach vor der Giesserei und weiter abwärts (Keller, Herter, Siegfried); hinter dem Künstlergütli (Keller); Hard-Wülflingen (Hug).

Erysimum L.

54. *E. cheiranthoides* L.

Exsicc. Nr. 54—54 c.

Aecker; um Winterthur verbreitet.

Ob dem Bühl-Winterthur (Imhoof, Ziegler); Aecker am Mattenbach (Herter): Grüze bei Winterthur (Steiner); Bodmersmühle (Siegfried); im Vogelsang (Siegfried); Schleife (Siegfried); an der Strasse nach Seen ausserhalb vom Mattenbach (Keller); in Seen (Keller); ausserhalb der Ziegelei Rosenberg (Keller).

Conringia Heist.

55. *C. orientalis* Rchb.

Exsicc Nr. 55.

Selten und unbeständig in Aeckern, an Schuttstellen. Kehräcker bei Winterthur (Keller).

Sisymbrium L.

56. *S. officinale* Scop.

Exsicc. Nr. 56.

Wegränder, Schuttstellen etc.; überall.

57. *S. Thalianum* Gay.

Exsicc. Nr. 57, 57 a.

Nicht selten in Aeckern.

An der Strasse zum Bruderhaus (Imhoof); Aecker um Seuzach (Keller); beim Rychenberg-Winterthur (Keller); zwischen Hard und Ziegelei Neftenbach (Hug); Maienried-Wülflingen (Siegfried).

Brassica L.

58. *B. oleracea* L.

Exsicc. Nr. 58.

Kultiviert und verwildert; an Schuttstellen, Ufern etc. nicht selten.

59. *B. Napus* L.

Exsicc. Nr. 59.

Kultiviert und verwildert; wie vor.

60. *B. Rapa* L.

Exsicc. Nr. 60.

Kultiviert und verwildert; wie vor.

Sinapis L.

61. *S. arvensis* L.

Exsicc. Nr. 61.

Aecker; häufig.

62. *S. alba* L.

Exsicc. Nr. 62.

Aecker; selten.

Beim Wollenhof-Winterthur (Schellenbaum).

Erucastrum Br.

63. *E. Pollichii* Schimper.

Exsicc. Nr. 63—63 d.

Schuttstellen, Ufer; nicht häufig.

An der Töss beim Hard (Imhoof, Hug); an der Töss (Herter); bei der Mühle Neuwiese (Siegfried); an der Töss zwischen Dorf Töss und Schlosshof (Siegfried, Hug); Schuttstellen hinter dem Primarschulhaus (Sch-F.); Eisenbahndamm bei der Kemptmündung (Keller); an der Eulach (Keller); an der Töss beim Reitplatz (Keller); Lind (Sch-F.); ausserhalb Hettlingen (Hug); Eulach-Schützenwiese (Hug, Siegfried).

Diplotaxis De.

64. *D. muralis* De.

Selten; auf Schutt.

Bodmersmühle (Herter).

Berteroa De.

65. *B. incana* Dec.

Exsicc. Nr. 64.

Schuttstellen; selten.

Bodmersmühle (Siegfried, Herter); Bahndamm beim Schlosshof (Siegfried).

Cochlearia L.

66. *C. Armoriaca* L.

Exsicc. Nr. 65.

Ufer, Wegränder; nicht häufig.

An der Eulach bei der Obermühle (Schellenbaum);
Tössufer bei der Spinnerei Rieter (Siegfried); im Zelgli-
Winterthur (Keller).

Erophila De.
67. *E. verna* E. Mey.
Aecker, Grasplätze etc.; sehr häufig und formenreich.

f. majuscula Jordan.
Exsicc. Nr. 66.
Wülflingen (Imhoof); Pfungen unterhalb der Station
(Keller); Reitplatz (Keller); Ziegelei Neftenbach (Hug);
Wülflingen (Hug); Hard (Siegfried); Maienried (Siegfried).

f. stenocarpa Jordan.
Exsicc. Nr. 67.
Reitplatz (Keller); Aecker ausserhalb der Düngerfabrik
Winterthur (Keller).

f. præcox Stev.
Exsicc. Nr. 68.
Eisenbahndamm zwischen Pfungen u. Wülflingen (Keller)
Rosenberg (Hug, Siegfried).

Alyssum L.
68. *A. calycinum* L.
Exsicc. Nr. 69—69 c.
Sonnige Stellen; nicht selten.
Zwischen Wülflingen und Pfungen (Hirzel); Kiesgrube
in der Grüze (Hirzel, Keller, Imhoof); Schlosshof (Keller,
Herter, Hug); Eisenbahndamm gegenüber vom Reitplatz
(Keller); Bodmersmühle (Herter); Neftenbach (Siegfried).

Camelina Cr.
69. *C. sativa* Cr.
Exsicc. Nr. 70.
Aecker; selten.
Hinter der Hardfabrik (Hirzel); Veltheim (Siegfried);
in Flachsäckern Wülflingen (Herter).

Iberis L.

70. *I. umbellata* L.

Exsicc. Nr. 71.

Hin und wieder als Gartenflüchtling zu beobachten.

An der Töss (Hirzel).

71. *I. pinnata* L.

Exsicc. Nr. 1004.

Selten.

Aecker beim ehemaligen Lärchenwäldchen-Winterthur (Ziegler).

72. *I. amara* L.

Exsicc. Nr. 72—72 c.

In Aeckern; nicht häufig.

Schlosshof gegen Pfungen (Hirzel); Ruchegg (Imhoof); Mörsburg reichlich (Keller); Ohringen (Keller); zwischen Kyburg und First (Keller); um Hegi (Steiner); Neftenbach (Siegfried); Töss (Siegfried); Breitehof (Siegfried).

Thlaspi L.

73. *Th. arvense* L.

Exsicc. Nr. 73, 73 a.

Aecker; überall.

74. *Th. perfoliatum* L.

Exsicc. Nr. 74.

Wegränder etc.; überall.

Lepidium L.

75. *L. Draba* L.

Exsicc. Nr. 1003.

Schuttstellen; selten.

Bodmersmühle (Siegfried, Herter); neue Strasse beim Eschenberghof (Ziegler).

76. *L. sativum* L.

Exsicc. Nr. 75.

Angebaut und hin und wieder verwildert.

77. *L. campestre* R. Br.

Exsicc. Nr. 76.

In Aeckern, an Wegrändern u. s. f.; hin und wieder.

Linsetal (Hirzel); an der Seemerstrasse (Hirzel); im Rosenberg (Siegfried); in der Kiesgrube von Veltheim (Siegfried); Neftenbach (Siegfried).

Capsella Mönch.
78. *C. bursa pastoris* Mch.
Exsicc. Nr. 77.
Wegränder, Aecker; überall.

f. integrifolia Heg. Die ganzblätterige Modification der Art.
Exsicc. Nr. 78.
Findet sich an gleichen Stellen wie der Typus, jedoch ziemlich selten.
Schellenbaum ohne specielle Angabe des Fundortes.

Isatis L.
79. *I. tinctoria* L.
Exsicc. Nr. 1002.
Dämme, selten; verschleppt.
Am Kanal zwischen Sennhof und Kyburg (Ziegler, Caflisch).

VII. Resedaceæ Dc.

Reseda L.
80. *R. lutea* L.
Exsicc. Nr. 79.
Wegränder, Ufer.
Wülflingen (Weinmann); an kiesigen Stellen der Töss bei Pfungen (Imhoof); an der Töss (Jäggi); beim Hardberg (Herter); reichlich um die Ziegelei Neftenbach (Siegfried, Keller); zwischen Hard und Ziegelei Neftenbach (Busch, Siegfried); Weinberge Oschwang bei Neftenbach (Keller); im Dorfe Seen (Siegfried); Rosenberg-Veltheim (Siegfried); ausserhalb Hettlingen (Hug, Siegfried).

81. *R. luteola* L.
Wie vorige; selten.
Wülflingen (Weinmann).

VIII. Cistineæ Dc.

Helianthemum G.

82. *H. vulgare* G.

An trockenen, sonnigen Stellen; überall.

IX. Violarieæ Dc.

Viola L.

83. *V. mirabilis* L.

Exsicc. Nr. 81—81 d.

In den Bergwäldern ziemlich häufig.

Irchel ob Dättlikon (Schellenbaum); Hoh-Wülflingen gegen Neuburg (Imhoof, Herter, Hug); Südseite des Tösserberges zwischen Dättnau und Neuburg (Siegfried, Keller); am Taggenberg unterhalb Wülflingen (Herter, Siegfried, Hug); am Beerenberg ob dem Hard (Keller); im Linsetal (Keller); im Gebüsch an der Töss gegen Kyburg (Steiner); Kyburg (Herter).

V. mirabilis L. ✕ *V. silvatica* Fr.

Südabhang des Tössberges gegen Dättnau (Siegfried).

84. *V. silvatica* Fr.

Exsicc. Nr. 82, 82 a, 83 b.

Wälder, Gebüsche; häufig.

forma fl. albo.

Exsicc. Nr. 83.

Selten.

Am Bruderhauserweg (Imhoof).

85. *V. Riviniana* Rchb.

Exsicc. Nr. 84.

Wie vorige, aber viel seltener.

Im Wäldchen ob der Breite (Siegfried); am Wolfensberg gerade im Anfang in den feuchten Beständen links und rechts von der Strasse (Siegfried, Hug); im Walde ob der Station Seuzach (Keller); Eschenberg ob der Schinderhütte (Hug).

86. *V. odorata* L.

Exsicc. Nr. 85.

Baumgärten, Hecken, Bördern etc.; häufig.

87. *V. alba* Bess.

Selten.

Ohringen (Siegfried); Hettlingen (Herter); Wolfensberg (Herter); über Veltheim links von der Strasse zum Wolfensberg).

88. *V. hirta* L.

Exsicc. Nr. 86.

An Bördern, Grasplätzen etc.; überall.

V. hirta L. $\times$ *V. ordorata* L.

Links an der Strasse über Veltheim an den grasigen Abhängen innerhalb des ersten Rebgeländes (Siegfried).

89. *V. collina* Besser.

Exsicc. Nr. 87, 87 a, 87 b.

Wälder; ziemlich selten.

Am Fusse des Wülflinger Schlossberges (Imhoof); Hoh-Wülflingen (Imhoof, Herter, Siegfried, Hug); Beerenberg (Keller); Wolfensberg (Hug, Siegfried); Abhänge von Brütten gegen das Dättnau (Keller).

90. *V. tricolor* L.

Exsicc. Nr. 88.

Felder; häufig.

X. Droseraceæ Dc.

Drosera L.

91. *D. longifolia* Huds.

Exsicc. Nr. 89.

In Sumpfwiesen; selten.

Im Ruchried vor Hettlingen rechts von der Strasse Unterohringen-Neftenbach vor dem Bahnübergang und links nach dem Bahnübergang (Keller, Siegfried); Wiesendanger Ried (Steiner); im Ried bei Hettlingen (Hug, Caflisch, Herter).

92. *D. rotundifolia* L.

Sumpfwiesen; selten.

Wiesendanger Ried (Steiner).

Parnassia L.

93. *P. palustris* L.

Exsicc. Nr. 90.

Nasse Wiesen, Gräben; häufig.

XI. Polygaleæ Juss.

Polygala L.

94. *P. Chamæbuxus* L.

Exsicc. Nr. 91—91 d.

Wälder; nicht selten.

Sonnige Stellen beim Hegiwald (Keller); auf dem Brühlberg (Imhoof, Keller, Herter); im Tobel gegen die hintere Hub ob Neftenbach (Keller); ob der Rotfarb Neftenbach (Keller, Siegfried); im Brühlbachtobel (Keller); am Kyburger Schlossberg (Keller, Herter); bei Huggenberg im October blühend (Keller); Hoh-Wülflingen (Hug); Beerenberg (Siegfried, Herter); Multberg (Herter).

f. rhodoptera Bennet.

Zwischen Wartgut und Dättlikon (Siegfried).

95. *P. comosa* Schrk.

Exsicc. Nr. 92, 92 a.

Hügel; nicht selten an steinigen, sonnigen Stellen.

Hoh-Wülflingen (A. u. R. Keller, Siegfried, Herter, Hug); Wolfensberg (Siegfried, Hug, Herter, Keller); Beerenberg (Siegfried, Herter, Hug); Tössberg (Hug).

96. *P. vulgaris* Schrk.

Exsicc. Nr. 93.

Seltener als vorige.

Feuchte Waldstellen (Schellenbaum); Hoh-Wülflingen (Siegfried); Wolfensberg (Siegfried, Hug); Beerenberg (Siegfried).

97. *P. austriaca* Cr.

Exsicc. Nr. 94, 94 a.

Ueberall in Triften, an Bördern etc.; rot- und weissblühend bedeutend seltener als blaublühend.

f. fl. albo.

Wolfensberg ob Veltheim häufig (Herter).

XII. Silenaceæ Lindl.

Githago Dsf.

98. *G. segetum* Dsf.
Exsicc. Nr. 95.
Unter Getreide; überall.

Lychnis L.

99. *L. flosculi* L.
Exsicc. Nr. 96, 96 a, 96 b.
Feuchte Wiesen; überall.

Melandrium Rœhl.

100. *M. silvestre* Rœhl.
Exsicc. Nr. 97.
Neuwiese-Winterthur an der Wartstrasse (Siegfried);
Eulach: rechtes Ufer am jähen Abhang bei der Schützen-
wiese (Siegfried).

101. *M. pratense* Rœhl.
Exsicc. Nr. 98.
An der Eulach-Hessengütli (Hug); Eulach linkes Ufer
bei der Schützenwiese näher der Stadt (Siegfried); Rosenberg am Strässchen gegen den Walkeweiher (Siegfried).

Silene L.

102. *S. inflata* Sm.
Exsicc. Nr. 99, 99 a.
Wiesen; gemein.

103. *S. nutans* L.
Exsicc. Nr. 100.
Waldränder, Hügel; häufig.

104. *S. noctiflora* L.
Exsicc. Nr. 101.
Aecker; nicht häufig.
Getreideäcker im Bühl bei Winterthur (Imhoof, Herter,
Siegfried, Hug); Ober-Winterthur (Steiner, Hirzel, Keller);
Ohringen (Hirzel); Vogelsang bei Winterthur (Ziegler).

105. *S. gallica* L.
Eschenberg, im Krebsbachtobel (Caflisch).

Saponaria L.

106. *S. Vaccaria* L.

Exsicc. Nr. 102.

Unter Getreide; nicht häufig.

Beim Feuerweiher in Ohringen (Siegfried); an einem Weg im Eschenberg (Imhoof, Weinmann); Finsteri im Eschenberg bei Winterthur (Ziegler); Aecker gegen Seen häufig (Herter); Neftenbach (Steiner); linkes Tössufer gegen den Schlosshof (Hug); Töss (Siegfried).

107. *S. officinalis* L.

Exsicc. Nr. 103.

Ufer; stellenweise häufig.

Wülflingen (Weinmann); an der Eulach (Siegfried); Schützenwiese, an der Eulach (Herter, Hug, Sch-F.); an der Töss (Steiner, Herter, Siegfried); bei der Eisenbahnbrücke der Zürcherlinie über die Töss am linken Ufer reichlich (Keller).

Gypsophila L.

108. *G. muralis* L.

Exsicc. Nr. 104.

Gräben, Mauern, Aecker; nicht häufig.

In einem Strassengraben hinter dem Rosenberg (Hirzel).

Dianthus L.

109. *D. Armeria* L.

Exsicc. Nr. 105.

Waldränder; selten.

Beim Seemer-Pol am Walde (Hirzel); auf dem Irchel (Hirzel); ob den Häusern der Breite links im Wäldchen im lichten Bestande (Siegfried); Waldrand ob Pfungen (Steiner); Waldrand ob Wiesendangen (Keller).

110. *D. Carthusianorum* L.

Exsicc. Nr. 106.

Hügel; nicht häufig.

Brühlberg (Steiner, Weinmann, Herter, Ziegler); Wolfensberg (Herter); am Waldrande zwischen der Schollenbergermühle und Schlosshof am linken Tössufer (Siegfried); am Waldrande bei Ottikon (Keller); längs der Töss (Herter).

111. *D. superbus* L.

   Hügel; selten.

   Kemleten (Caflisch).

D. prolifer L.

   Dättlikon (Jäggi).

XIII. Alsinaceæ Bartl.

Malachium Fr.

112. *M. aquaticum* Fr.

   Exsicc. Nr. 107, 107 a.

   Gräben; gemein.

Cerastium L.

113. *C. arvense* L.

   Exsicc. Nr. 108.

   Wegränder, Wiesen: selten.

   Bei Henggart (Schellenbaum); Ziegelei Neftenbach in einer Wiese und am Fussweg der Kiesgrube Auental zur Ziegelei Neftenbach reichlich (Siegfried); Aecker unter der Glockengiesserei Neftenbach (Herter); Sonnenberg bei Winterthur (Ziegler).

114. *C. triviale* Lk.

   Exsicc. Nr. 109.

   Mauern, Wegränder etc.; überall.

115. *C. viscosum* L.

   Exsicc. Nr. 110.

   Wegränder, Aecker etc.; nicht häufig.

   Im Vogelsang (Imhoof); am Bahndamm im Vogelsang (Siegfried); über der Breite in den abgeholzten Stellen (Siegfried); in der Grüze (Keller).

116. *C. glutinosum* Fr.

   Selten.

   Ohringen in der Nähe von Bettwiesenried (Siegfried).

117. *C. semidecandrum* L.

   Exsicc. Nr. 111.

   Nicht häufig.

   Eschenberg (Imhoof).

Stellaria L.

118. *St. nemorum* L.

Selten.

Waldrand ob der Breite (Siegfried); Walkeweiher (Siegfried).

119. *St. media* Cyr.

Exsicc. Nr. 112.

Wegränder, Aecker; gemein.

120. *St. holostea* L.

Exsicc. Nr. 113.

Hecken; selten.

Gegenüber der Locomotivfabrik an der Strasse nach Töss (Gisler stud. med., Hug, Keller, Siegfried, Herter).

121. *St. graminea* L.

Exsicc. Nr. 114.

Hecken etc.; häufig.

122. *St. uliginosa* Murr.

Exsicc. Nr. 115.

Auf kultivierten Stellen im Eschenberg (Schellenbaum).

Mœhringia L.

123. *M. trinervia* Clairv.

Exsicc. Nr. 116.

Nicht überall.

Feuchte Waldstellen im Eschenberg bei Winterthur (Imhoof); an Hecken über der Turmhalde (Siegfried); am Waldrand ob der Hub (Siegfried); bei der Ruine Alt-Wülflingen (Hug, Siegfried).

M. muscosa L.

Steiner in Köll. Phan.

Arenaria L.

124. *A. serpyllifolia.*

Exsicc. Nr. 117.

An Mauern, Aeckern; überall.

Alsine L.

125. *A. tenuifolia* L.

Exsicc. Nr. 118.

Nicht häufig.

Auf Aeckern bei Ober-Ohringen (Hirzel); am Eisenbahndamm beim Schlosshof (Siegfried): Neftenbach (Jäggi).

Sagina L.
126. *S. procumbens* L.
Exsicc. Nr. 1006.
Längs der Mauern vom Wartgut (Siegfried): Mauern
beim Wartbad (Hug); Schlosshof bei Kyburg (Ziegler).

Spergula L.
127. *Sp. arvensis* L.
Exsicc. Nr. 119.
Aecker; nicht häufig.
Auf dem Grüzenfeld gegen Rümikon (Hirzel); Bahn-
damm bei der Kemptbrücke (Siegfried): Schinderhütte
(Siegfried); auf dem Stadtschutt (Siegfried).

XIV. Lineæ Dc.

Linum L.
128. *L. tenuifolium* L.
Exsicc. Nr. 120, 120 a.
Sonnige Hügel; selten.
Am Irchel bei Dättlikon (Hirzel, Steiner, Herter);
zwischen Wartgut und Dättlikon rechts vom Strässchen
am Abhang reichlich (Siegfried, Hug); an der Brahalde
bei Hünikon (Keller).

129. *L. catharticum* L.
Exsicc. Nr. 121, 121 a.
Wiesen, steinige Plätze etc.; überall.

XV. Malvaceæ Br.

130. *Hibiscus Trionum* L.
Exsicc. Nr. 122.
Seltene und nur vorübergehende, eingeschleppte Ru-
deralpflanze.
In einem Brachacker vom Hard gegen Pfungen (Hirzel):
einmal im Garten (Herter).

Althaea L.

131. *A. hirsuta* L.

Seltene und unbeständige Ruderalpflanze.

Bei der Bodmersmühle (Herter).

Malva.

132. *M. Alcea* L.

Exsicc. Nr. 123.

Selten.

Bei Humlikon (Pfau); Kyburg (Ziegler).

133. *M. moschata* L.

Exsicc. Nr. 124, 124 a, 124 b.

Wegränder etc.; ziemlich selten.

Auf der Grüze an der Landstrasse gegen Rümikon (Hirzel); links von der Strasse zwischen Kemptbrücke und Bahnwärterhäuschen (Siegfried); am Eisenbahndamm nahe bei der Kemptmündung (Keller); zwischen Winterthur und Wülflingen (Keller); Neftenbach (Siegfried).

134. *M. silvestris* L.

Exsicc. Nr. 125, 125 a.

Wegränder, Schutt; hin und wieder.

Unbebaute Plätze gegen das Ruchegg (Hirzel); Rebgelände links vom Fussweg zwischen der Kiesgrube Auental zur Ziegelei Neftenbach (Siegfried); beim Stadtmist (Keller); Kyburg (Ziegler); an Bördern um Dättlikon (Steiner); Eulach-Schützenwiese (Hug, O. Liechti, Siegfried).

135. *M. rotundifolia* L.

Exsicc. Nr. 126.

Schuttstellen, Wegränder etc.; ziemlich häufig.

Lind beim Bahnübergang (Siegfried, Hug); im Sennhof in der Nähe von Gärten (angepflanzt?) häufig (Keller); Kyburg links von der Landstrasse beim Eingang in's Dorf (Keller).

XVI. Tiliaceæ Juss.

Tilia L.

136. *T. platyphyllos* Scop.

Exsicc. Nr. 127.

Wälder; verbreitet.

Brühlberg (Siegfried, Keller); Lindberg (Siegfried, Keller); Hoh-Wülflingen (Siegfried, Keller).

137. *T. parvifolia* Ehrh.
Exsicc. Nr. 128.
Wälder; wie vorige.

XVII. Hypericineæ De.

Hypericum L.
138. *H. montanum* L.
Exsicc. Nr. 129.

Eschenberg (Siegfried); Lindberg (Siegfried); Tössberg (Siegfried); Brühlberg (Siegfried, Keller); auf dem hintern Wolfensberg (Keller); Hoh-Wülflingen (Steiner); Weg vom Schlosshof nach der Ruine (Herter).

139. *H. hirsutum* L.
Exsicc. Nr. 130, 130 a.
Nicht selten in unsern Wäldern.

Beim Schlosshof (Schellenbaum, Herter); um Kyburg (Pfau, Keller); Rosenberg gegen den Walkeweiher (Siegfried); im Eschenberg über der Breite massenhaft (Siegfried, Herter); Brühlberg an den Abhängen hinter den alten Eichen (Siegfried); an der Eulach, Brücke bei der Festhütte (Siegfried); Bühl (Herter); im Bähntal bei Kollbrunn vor der Teufelskirche reichlich (Keller); Wolfensberg (Hug).

140. *H. tetrapterum* Fr.
Exsicc. Nr. 131—131 c.
Gräben; gemein.

141. *H. quadrangulum* L.
Exsicc. Nr. 132.
Waldschläge; nicht häufig.
Eschenberg (Siegfried); Lindberg (Siegfried); Seen (Siegfried); Brühlberg (Siegfried).

H. quadrangulum K. × *H. tetrapterum* Fr.
Exsicc. Nr. 133.
Eschenberg: Waldschläge ob der Breite (Siegfried).

142. *H. perforatum* L.

Exsicc. Nr. 134, 134 a.

An Gräben, lichten Waldstellen; gemein.

rar. veronense Schrk.

Hinter den alten Eichen im Tobel auf dem Brühlberg (Siegfried). Schmalblätterige Formen, die den Uebergang zum Typus herstellen, hin und wieder z. B. im Vogelsang bei Winterthur (Keller).

H. perforatum L. × *H. quadrangulum* L.

Eschenberg: ob der Breite (Siegfried).

143. *H. humifusum* L.

Exsicc. Nr. 135.

Lichte Waldstellen; selten.

Auf dem Hegiberg gegen Rümikon (Hirzel); Elsau (Bucher).

XVIII. Acerineae Dc.

Acer L.

144. *A. Pseudo-Platanus* L.

Exsicc. Nr. 136, 136 a, 136 b.

Nicht selten in Wäldern, doch zumeist angepflanzt.

Lindberg ob dem Haldengut (Keller); unterhalb Hoh-Wülflingen (Keller).

rar. vitifolium Tausch.

Exsicc. Nr. 137.

Lindberg: am Waldrande ob dem Haldengut gegen das Gütli (Keller).

145. *A. platanoides* L.

Exsicc. Nr. 138, 138 a.

Wälder, verbreitet, jedoch zumeist angebaut.

146. *A. campestre* L.

Exsicc. Nr. 139, 139 a, 139 b.

Gebüsche, Laubhölzer; nicht selten.

Am Tössrain (Hirzel, Keller); Schlosshof (Hirzel, Keller); Beerenberg, Hardberg an der Töss (Herter); am linken Tössufer (Siegfried).

XIX. Geraniaceæ De.

Geranium L.

147. *G. sanguineum* L.

Exsicc. Nr. 140.

Hügel: verbreitet.

Tössberg Südseite längs des Grates gegen Hoh-Wülflingen (Siegfried, Herter, Hug, Keller); Wolfensberg (Siegfried, Herter, Keller); Brühlberg Südabhang gegen die Töss (Siegfried, Herter); Bähntal bei Kollbrunn (Keller); Irchel (Steiner, Siegfried); Lindberg (Hug); Beerenberg (Herter, Siegfried); obere Hub (Siegfried).

148. *G. palustre* L.

Exsicc. Nr. 141.

Nicht häufig.

An der Eulach (Siegfried, Keller); links von der Strasse bei der Sulzer'schen Fabrik gegen die Breite (Siegfried); Ottikon-Kyburg (Hug); Vogelsang (Rich. Ernst).

149. *G. phæum* L.

Exsicc. Nr. 142.

Selten und vielleicht nur verwildert.

Beim Bühl in der Langgasse Winterthur (Steiner, Ziegler, Siegfried, Hug, Keller, Herter).

150. *G. pyrenaicum* L.

Exsicc. Nr. 143.

Selten.

Beim Haldengut an der Strasse (Siegfried, Keller, Herter); Wiesen an der Schaffhauserstrasse (Herter).

151. *G. columbinum* L.

Exsicc. Nr. 144.

Häufig an Schuttstellen, Feldern etc.

152. *G. dissectum* L.

Exsicc. Nr. 145.

Wie vorige.

153. *G. pusillum* L.

Exsicc. Nr. 146.

Häufig auf Schutt.

3

154. *G. Robertianum* L.
Exsicc. Nr. 147.
   Schattige Stellen; überall.

Erodium l'Her.
155. *E. cicutarium* l'Her.
Exsicc. Nr. 148.
   Auf den Wegen im Adlergarten-Winterthur (Hirzel)
Wolfensberg: in Aeckern (Keller), Südabhang hie und da
(Siegfried); Fussweg vom Auental zur Ziegelei Neftenbach
(Siegfried).

XX. Balsaminea. A. Roch.

Impatiens L.
156. *I. noli tangere* L.
Exsicc. Nr. 149.
   Feuchte, schattige Orte; an wenigen Stellen, da aber
heerdenweise.
   Eschenberg (Siegfried, Herter); am Graben in der
Turmhalde (Steiner, Keller, Siegfried); am Bruderhausweg
(Keller); oberhalb vom Waldegg in Unmasse (Keller); beim
Kugelfang-Winterthur (Keller, Siegfried); bei der Mündung
des Weisslinger Baches in die Töss (Keller); Brühlberg
(Steiner, Siegfried).
157. *I. parviflora* Dc.
Exsicc. Nr. 150.
   Selten.
   Im Eschenberg (Siegfried); Gartenunkraut links an der
Paulstrasse Winterthur (Keller); Rosenberg in einer Schutt-
grube (Hug, Siegfried).

XXI. Oxalideæ Dc.

Oxalis L.
158. *O. Acetosella* L.
Exsicc. Nr. 151.
   Feuchte, schattige Stellen; überall.

159. *O. stricta* L.

Exsicc. Nr. 152, 152 a.

Auf bebauten Stellen; hin und wieder.

Am Eisenbahndamm im Vogelsang (Siegfried); Sonnenberg-Winterthur (Imhoof); in der Pflanzschule-Winterthur (A. Keller); im alten Kirchhof-Winterthur St. Georgen (Hug, Keller, Herter); an der Eulach bei der Brücke auf der Schützenwiese (Hug, Siegfried).

Subclassis II. Calyciflorae.

XXII. Celastrineæ Br.

Staphylea L.

160. *St. pinnata* L.

Exsicc. Nr. 153.

Selten und wahrscheinlich nur verwildert.

Todtental am Fuss von Hoh-Wülflingen (Ziegler, Herter); beim Schlosshof (Siegfried); Alt-Wülflingen (Siegfried, Hug, Keller, Herter); etwas unterhalb Hoh-Wülflingen (Steiner, Keller); Pfungen (Herter).

Evonymus L.

161. *E. vulgaris* Scop.

Exsicc. Nr. 154.

Gebüsche; gemein.

Ilex L.

162. *I. aquifolium* L.

Exsicc. Nr. 155.

Wälder; verbreitet.

Auf dem Tössberg (Keller); im Lindberg am Weg gegen Reutlingen (Keller); im Brühlbachtobel bei Sennhof (Keller); im Tobel von Rykon (Keller); Wolfensberg (Herter); Nordabhang von Hoh-Wülflingen (Herter).

XXIII. Rhamneæ Br.

Rhamnus L.

163. *Rh. Frangula* L.
Exsicc. Nr. 156.
Wälder, Gebüsche; gemein.

164 *R. cathartica* L.
Exsicc. Nr. 157.
An steinigen, buschigen Waldstellen nicht selten.
Hessengütli (Hirzel); Tössberg (Keller, Siegfried); Brühlbachtobel bei Sennhof (Keller); Eschenberg (Steiner, Siegfried).

XXIV. Papilionaceæ L.

Genista L.

165. *G. germanica* L.
Exsicc. Nr. 158, 158 a, 158 b.
Hügel; verbreitet.
Tössberg (Siegfried, Keller); Hoh-Wülflingen (Steiner, Imhoof, Siegfried, P. Liechti, Keller, Herter); Wolfensberg Herter, Siegfried, Hug); Beerenberg (Siegfried); Irchel bei der Hub (Siegfried); Winterbergersteig (Keller); Brühlbachtobel (Keller).

166. *G. pilosa* L.
Sonnige Stellen; selten.
Irchel (Steiner).

167. *G. tinctoria* L.
Exsicc. Nr. 159.
Nicht häufig.
Vom Schlosshof bis Pfungen auf der Südseite (Hirzel); Irchel (Steiner); auf der Hub und zwischen Wartgut und Dättlikon (Siegfried, Hug, Herter); im Bähntal bei Kollbrunn rechts von der Strasse nach Nussberg (Keller).

168. *G. sagittalis* L.
Exsicc. Nr. 160.
Auf dem Grat nach Hoh-Wülflingen (Siegfried, Herter, Hug, Keller); an einem Wäldchen zwischen Mörsburg und

den Riedwiesen ausserhalb Ruchegg (Steiner, Keller, Herter); im Brühlbachtobel ob Sennhof (Keller); Irchel (Herter, Siegfried).

Ononis L.
169. *O. arvensis* L.
Exsicc. Nr. 161.
Wegränder etc.; überall.

170. *O. campestris* K. Z.
Exsicc. Nr. 162.
An trockenen Stellen; selten.
Wolfensberg (Siegfried).

Anthyllis L.
171. *A. Vulneraria* L.
Exsicc. Nr. 163.
Trockene Wiesen; überall.

Medicago L.
172. *M. falcata* L.
Exsicc. Nr. 164, 164 a.
Wege, Raine.
Linkes Tössufer zwischen Töss und Schlosshof (Siegfried, Hug); an der Töss unterhalb vom Hard (Imhoof); Strassenbord beim Ruchegg (Keller).

173. *M. sativa* L.
Exsicc. Nr. 165.
Sehr häufig an Wegrändern, Wiesen; verwildert.

174. *M. media* P.
Exsicc. Nr. 166.
Mit vorigen; nicht sehr häufig.
Am linken Tössufer zwischen Töss und Schlosshof reichlich (Siegfried); Wegränder und Strassenborde beim Ruchegg (Keller).

175. *M. minima* Desr.
Pfungen an einem Fussweg bei der Station gegen das Dorf Pfungen (Siegfried); bei der Tuchfabrik (Caflisch).

176. *M. Lupulina* L.
Exsicc. Nr. 167.
Wegränder etc.; überall.

Melilotus Juss.
177. *M. officinalis* Desr.
Exsicc. Nr. 168.
Wegränder etc.; häufig.

178. *M. altissima* Tl.
Exsicc. Nr. 169.
Weniger verbreitet als vorige.
Massenhaft in der Lehmgrube ob Veltheim beim Rosenberg (Siegfried, Hug); Brühlberg (Sch-F.).

179. *M. alba* Desr.
Exsicc. Nr. 170.
Wegränder etc.; sehr häufig.

Trifolium L.
180. *T. rubens* L.
Exsicc. Nr. 171.
Sonnige Hügel; selten.
Am Tössberg auf dem Grat gegen Hoh-Wülflingen (Herter, Steiner, Siegfried, Hug, Keller); am Beerenberg (Siegfried); im Täli über Dättlikon am Irchel (Steiner, Siegfried, Herter).

181. *T. alpestre* L.
Am Irchel (Steiner).

182. *T. medium* L.
Exsicc. Nr. 172, 172 a.
Wälder; nicht selten.
Tössberg (Siegfried, Keller); Hoh-Wülflingen (Siegfried, Keller, Herter); Wolfensberg (Siegfried, Hug, Keller, Herter); Beerenberg (Siegfried); Brühlbachtobel ob Sennhof (Keller); im Bähntal bei Kollbrunn (Keller); im Eggwald bei Wiesendangen (Keller); Bolsternbuck bei Kollbrunn (Keller); am Steigbach bei Weisslingen (Keller): Eschenberg (Siegfried).

183. *T. pratense* L.
Exsicc. Nr. 173.
Wiesen, Wegränder etc.; gemein.

184. *T. incarnatum* L.
Exsicc. Nr. 174.
Selten und nur verwildert.
Vereinzelt in einer Waldwiese am Eschenberg (Schellenbaum): Aecker um Aesch (Steiner).

185. *T. arvense* L.
Exsicc. Nr. 175.
Selten.
Wolfensberg (Herter, Siegfried).

186. *T. fragiferum* L.
Exsicc. Nr. 176.
Selten.
Am Fussweg von Dättnau nach Brütten (Hirzel); unterhalb Pfungen an der Töss (Hirzel): an Kammerwegen in den Weinbergen unterhalb vom Wartbad (Keller).

187. *T. montanum* L.
Exsicc. Nr. 177.
In Waldwiesen, an Waldrändern; sehr häufig.

188. *T. hybridum* L.
Exsicc. Nr. 178.
Nicht häufig.
Linkes Tössufer gegenüber dem roten Hüsli (Siegfried, Herter); Lindberg am Fussweg nach Reutlingen (Keller).

189. *T. repens* L.
Exsicc. Nr. 179.
Grasplätze, Wege; gemein.

190. *T. procumbens* L.
Exsicc. Nr. 180, 180 a.
Aecker, Wegränder etc.; häufig.

191. *T. minus* Sm.
Exsicc. Nr. 181, 181 a.
Auf trockenen Wiesen; nicht sehr häufig.

Am Bord der Eulach gegen das Schützenhaus (Hirzel);
im Bühl bei Winterthur (Imhoof); bei der Kemptbrücke
(Siegfried); im Kies hinter der Gasfabrik (Siegfried).

Lotus L.

192. *L. siliquosus* L.

Feuchte Stellen; selten.

Am Irchel (Steiner).

193. *L. uliginosus* Schk.

Exsicc. Nr. 182.

Am sumpfigen Waldstellen nicht selten.
Massenhaft über der Breite am Bache (Siegfried); beim
Walkeweiher (Siegfried); am Strassengraben beim Ohringer
Ried (Keller); am Wiesendanger Bach (Keller); Gräben
zwischen Ohringen und Winterthur (Hug, Siegfried); Eschen-
berg (Siegfried).

194. *L. corniculatus* L.

Exsicc. Nr. 183.

Wegränder, trockene Wiesen; gemein.

f. pilosa.

Exsicc. Nr. 184, 184 a.

Selten.

Die Haare an den Blättern reichlich, am Stengel spärlich und
mehr anliegend, sind kürzer als an der behaarten Form des
insubrischen Florengebietes.

Brühlberg (Imhoof); bei Dättlikon (Imhoof).

Coronilla.

195. *C. varia* L.

Exsicc. Nr. 185.

Nicht selten.

Nagelschmiede bei der Kemptbrücke (Siegfried); Station
Kempttal (Keller); bei der Eisenbahnbrücke über die Töss
(Keller); Reitplatz (Siegfried, Keller); Wolfensberg (Sieg-
fried, Keller, Herter); Station Wülflingen (Siegfried, Keller);
Lindberg beim Alpgütli (Sch-F., Keller); am Waldrande
des Breitenloo bei Wiesendangen sehr reichlich (Keller);
Eggwald beim Ruchegg (Keller); Oberwinterthur (Steiner);

Bodmersmühle (Herter); von der Station Wiesendangen
nach Mörsburg (Herter).

Hippocrepis L.
196. *H. comosa* L.
Exsicc. Nr. 186.
Sonnige Orte; sehr häufig.

Colutea L.
197. *C. arborescens* L.
Gebüsch; spontan?
Am Rande des Brühlwaldes (Steiner).

Astragalus L.
198. *A. glycophyllus* L.
Exsicc. Nr. 187.
Wälder; ziemlich verbreitet.
Breite (Siegfried); Wolfensberg (Siegfried); Hoh-Wülf-
lingen (Siegfried); Kemptbrücke (Siegfried); Tössrain-Linse-
tal (Keller, Herter); Winterberger Steig (Keller); Kyburg
(Ziegler); zwischen Kollbrunn und Weisslingen (Hug); Ebnet
(Caflisch); Eschenberg (Caflisch, Siegfried).

Onobrychis L.
199. *O. sativa* Lam.
Exsicc. Nr. 188.
Trockene Hügel etc.; häufig.

Lathyrus L.
200. *L. latifolius* L.
Exsicc. Nr. 189, 189 a.
Selten und nur verwildert.
Hinter dem Hessengütli gegen Wülflingen (Hirzel); am
Lindberg beim Steinbruch über Oberwinterthur (Keller).
201. *L. silvestris* L.
Exsicc. Nr. 190—190 d.
Wälder; verbreitet.
Beim Hessengütli im Wäldchen an der Eulach (Hirzel);
am Warthügel (Hirzel); Eschenberg (Imhoof); ob der
Breite (Siegfried); an den Abhängen bei der Kemptbrücke

(Siegfried); Kyburg (Steiner, Siegfried); Alt-Wülflingen (Keller, Siegfried, Herter); Winterberger Steig vor Kempttal (Keller); Strassenbord ausserhalb des Ruchegg (Keller); am Brühl (Steiner, Hug, Siegfried); Waldrand ob Wiesendangen (Herter).

202. *L. tuberosus.*
Exsicc. Nr. 191.
Nicht häufig.
Aecker bei Dättlikon (Schellenbaum).

L. palustris L.
In Köll. Phanerog.

203. *L. pratensis* L.
Exsicc. Nr. 192.
Wiesen; überall.

204. *L. Nissolia* L.
Exsicc. Nr. 193, 193 a.
In Aeckern; sehr selten.
Beim Dorf Breite bei der Kapelle (Hirzel); Aecker ob dem Haldengut am Waldrande des Lindberges (Keller).

205. *L. Aphaca* L.
Exsicc. Nr. 194, 194 a, 194 b.
Aecker; nicht selten.
Ohringen (Hirzel); Reutlingen (Hirzel); Neftenbach (Hirzel, Keller); Pfungen beim Bruni (Steiner, Schellenbaum); in der Eigelhart (Keller); Hochwacht-Winterthur (Hug); im Hündler-Töss (Caflisch).

Orobus L.
206. *O. vernus* L.
Exsicc. Nr. 195.
Wälder; sehr häufig.

207. *O. niger* L.
Exsicc. Nr. 196, 196 a.
Stellenweise häufig.
Irchel (Steiner); Reitplatz links an der Strasse (Siegfried); auf dem Wolfensberg reichlich (Siegfried, Hug,

Keller); Brühlbachtobel bei Sennhof (Keller); Beerenberg
(Caflisch); Elnet (Caflisch); am Fussweg vom Rossberg
nach Kämleten reichlich (Caflisch).

208. *O. tuberosus* L.
Exsicc. Nr. 197.
Wälder; häufig.

Vicia L.
209. *V. dumetorum* L.
Exsicc. Nr. 198.
Linsetal (Steiner); Eschenberg (Imhoof); über der
Breite an der Waldstrasse häufig (Siegfried); zwischen
Kemptbrücke und Kempttal häufig (Siegfried); am Hügel
der Schlossruine Alt-Wülflingen (Herter, Hug); zwischen
Sennhof und Kyburg (Hug).

210. *V. silvatica* L.
Exsicc. Nr. 199.
Im Walde ob Pfungen (Steiner); Abhänge von Alt-
Wülflingen gegen das Tälchen zum Schlosshof (Siegfried).

211. *V. tenuifolia* Rth.
Da und dort unter Getreide (Siegfried).

212. *V. Cracca* L.
Exsicc. Nr. 200.
In Hecken, Wegränder etc.; gemein.

213. *V. sepium* L.
Exsicc. Nr. 201.
In Wiesen etc.; gemein.

f. flore albo.
Exsicc. Nr. 202.
Selten.
Am Weg vom Schlosshof nach Alt-Wülflingen nahe
beim Bahnwärterhäuschen (Keller).

214. *V. sativa* L.
Exsicc. Nr. 203.
Unter Getreide sehr häufig.

215. *V. angustifolia* Reich.
Exsicc. Nr. 204, 204 a.
Unter Getreide.
Ohringen (Siegfried); Aecker am Lindberg (Keller).

Ervum L.
216. *E. hirsutum* L.
Exsicc. Nr. 205, 205 a.
Acker; ziemlich häufig.
Aecker um Seen (Hirzel); Eschenberg (Keller).

217. *E. tetraspermum* L.
Exsicc. Nr. 206, 206 a.
Aecker; ziemlich häufig.
Felder um Winterthur (Schellenbaum); Aecker um Seen (Keller); Eschenberg ob der Breite (Hug).

XXV. Drupaceæ L.

Prunus L.
218. *P. Padus* L.
Exsicc. Nr. 207, 207 a, 207 b.
Gebüsch; hin und wieder.
Im Gebüsch an der Eulach (Steiner); Linsetal (Schellenbaum); Tössberg (Siegfried); am Kyburger Schlossberg (Ziegler); bei der Kyburger Brücke (Keller); ob Ricketwyl (Keller).

219. *P. avium* L.
Exsicc. Nr. 208.
Waldränder, Hügel; überall.

220. *P. Cerasus* L.
Exsicc. Nr. 209.
Nicht häufig.
Brühl (Imhoof); Südseite des Wolfensberges (Siegfried); am Haltenberg ob dem Hard (Siegfried); Hoh-Wülflingen (Hug).

221. *P. spinosa* L.
Exsicc. Nr. 210.
Ueberall.

XXVI. Ord. Senticosæ L.

Spiræa L.

222. *Sp. Aruncus* L.

Exsicc. Nr. 211, 211 a.

Bergwälder; nicht selten.

Brühlwald (Steiner); Eschenberg (Keller); Lindberg (Keller); Kyburger Schlosshalde (Keller); Hoh-Wülflingen (Hug).

223. *Sp. Ulmaria* L.

Exsicc. Nr. 212.

An Gräben; überall.

224. *Sp. Filipendula* L.

Esicc. Nr. 213.

Feuchte Waldwiesen; selten.

Reitplatz an der Töss (Steiner); bei Ohringen gegen Veltheim (Hirzel); Wolfensberg (Herter); bei Kämleten (Keller).

Rubus L. *)

225. *R. saxatilis* L.

Exsicc. Nr. 214—214 c.

Bergwälder.

Im hintern Eschenberger Wald im Steinbachtobel; Brühlbachtobel; Abhänge gegenüber der Station Sennhof; Rykoner Tobel; Tössrain.

226. *R. Idæus* L.

Exsicc. Nr. 215, 215 a, 215 b.

Wälder; nicht selten.

Lindberg ob dem Walkeweiher, beim Bäumli etc.; Eschenberg vor dem Eschenbgerhof etc.; Brühlbach-tobel etc.

---

*) Der Anordnung liegt Focke's *Synopsis Ruborum Germaniæ* zu Grunde. Sämmtliche Standortsangaben fussen auf den Beobachtungen des Verfassers. Die meisten der citierten Arten und Formen hat Herr Prof. Favrat durchgesehen. Für seine Bemühungen sei ihm auch an dieser Stelle aufrichtig gedankt.

227. *R. sulcatus* Vest.

Exsicc. Nr. 216, 216 a, 216 b.

Wälder; selten.

Lindberg: ob dem Haldengut gegen den Walkeweiher; auf dem Holzschlag hinter dem Bäumli; ob dem Gütli am Fussweg nach Reutlingen vor dem Beginn des Hochwaldes; Holzschlag ob dem Tössertobel links vom Fahrweg nach dem Süsenberg.

228. *R. Mercieri* G. Genev.

Exsicc. Nr. 217.

Wolfensberg ob Veltheim.

229. *R. thyrsoideus* Spec. collect.

Exsicc. Nr. 218—218 c.

Dem *R. thyrsoideus* wird von den Schriftstellern ein verschiedener Umfang zugeschrieben. Focke erklärt ihn als Sammelart, „deren abweichendste Formen allerdings auch als getrennte Arten betrachtet werden können....., welche durch Mittelformen, die namentlich längs der Alpen... verbreitet sind, verbunden werden." Unter dem Collectivnamen nenne ich hier jene Formen, welche mir nicht so scharf differenciert zu sein scheinen, dass sie mit Sicherheit mit einem der drei gut ausgeprägten Typen — *R. candicans* Weihe, *R. thyrsanthus* Focke und *R. elatior* Focke — in welchen der *R. thyrsoideus* sens. coll. bei uns auftritt, zu identificieren wären.

Lindberg beim Bäumli; Brühlbachtobel ob Sennhof; Wolfensberg bei Veltheim; Eschenberg: Querstrasse vom Vogelsang zur Bruderhausstrasse.

f. virescens mihi.

Exsicc. Nr. 219.

Lindberg: hinter dem Bäumli am Weg gegen Ober-Winterthur.

Schössling tiefgefurcht, kahl; Stacheln mässig zahlreich, 8—10 im Interfolium. Blätter fünfzählig gefingert. Blattstiel spärlich behaart; Endblättchen breit eiförmig zugespitzt, an der Basis schwach herzförmig. Alle Blättchen deutlich gestielt; Stiel der untern Seitenblättchen 8 mm.; oberseits kahl, unterseits locker kurzhaarig, blassgrün, seidenglänzend. Blätter der Blütenaxe unterseits z. T. hellgrün, locker behaart, z. T. (die oberen) grauweiss filzig. Fruchtknoten an der Spitze mit einem lockern Haarschopf. — Eine verkahlende Form des Typus.

230. *R. candicans* Weihe.

Exsicc. Nr. 220, 220 a, 220 b.

Wälder; in typischer Ausbildung selten.

Wolfensberg bei Veltheim; im Eschenberg in etwas breitblättriger Form; Winterberger Steig vor Kempttal.

231. *R. thrysanthus* Focke.

Exsicc. Nr. 221—221 p.

Wälder; verbreitet.

Wolfensberg ob Veltheim; Ebnet ob Töss; Eschenberg: am Waldrand ob dem Vogelsang; auf dem Plateau des Brühlberg und oberhalb vom Gütsch; Lindberg: am Weg nach Reutlingen, am Weg vom Bäumli nach Oberwinterthur; Winterberger Steig vor Kempttal; Brühlbachtobel ob Sennhof.

Anmerkung. Schmalblätterige Formen, die an den meisten der erwähnten Standorte neben den typischen beobachtet werden, bilden Uebergänge zu *R. candicans* Weihe.

232. *R. elatior* Focke.

Exsicc. Nr. 222, 222 a.

Selten.

Beim Steinbruch ob den Weinbergen von Reutlingen mit fast zottig behaartem Schössling; mit spärlicherer Behaarung der Axe im Eschenberg.

233. *R. bifrons* Vest.

Exsicc. Nr. 223—223 k.

Waldränder; ziemlich häufig.

Im Lindberg am Weg nach Reutlingen beim Ausgang aus dem Hochwald; hinter dem Bäumli; Eschenberg: vor dem Vogelsang, vor dem Eschenberghof; ob Töss auf dem Ebnet; Wolfensberg: ob Veltheim, beim Steinbruch.

234. *R. macrostemon* Focke.

Exsicc. Nr. 224, 224 a, 224 b.

Selten.

Kyburger Rain, rechts an der Landstrasse; Lindberg hinter dem Bäumli; im Bähntal bei Kollbrunn.

235. *R. obtusangulus* Grml.

Exsicc. Nr. 225—225 c.

Nicht häufig.

Wolfensberg, etwas oberhalb der Veltheimer Stein-
brüche; Lindberg an der Strasse vom Walkeweiher nord-
wärts gegen Seuzach, ebenso am Wege nach Reutlingen;
zwischen Ruchegg und Mörsburg am Rande des äussern
Riedes; Winterberger Steig vor Kempttal.

236. *R. tumidus* Gremli.

Exsicc. Nr. 226.

Selten.

Vom Brühlberg liegt mir ein Specimen vor, das nach den
Sternhäärchen, die auf der Blattoberfläche zerstreut sind, und dem
rinnigen Blattstiele zu urteilen ein Abkömmling des *R. tomentosus*
Borkh. ist. Mit *R. obtusangulus* Grml. und *R. tumidus* Grml. stimmt
unsere Form in der Fruchtbarkeit überein, kann also nicht ein
primärer Bastard des *R. tomentosus* Borkh. sein, denn diese sind
„in der Regel sehr wenig fruchtbar."

Mit Gremlis obiger Species stimmt unser Specimen darin
überein, dass das Endblättchen rundlich-herzförmig (grösste Länge
9,3 cm., grösste Breite 9,8 cm.) ist und eine etwa 8 mm. lange auf-
gesetzte Spitze trägt. Dagegen sind die unteren Seitenblättchen
kaum kürzer gestielt als bei *R. obtusangulus* Grml. Hier sind die
Stielchen 0,2 - 0,4 cm. lang, d. h. 6—15 mal kürzer als der Stiel
des Mittelblättchens, und etwa 10—25 mal kürzer als das zugehörige Blättchen. Der Stiel der untern Seitenblättchen ist an
vorliegender Form 5 mal kleiner als der des Mittelblättchens und
12 mal kürzer als das zugehörige Blättchen.

237. *R. tomentosus* Borkhausen.

1. **vulgaris** Focke.

a) *canescens* Focke = R. tom. var. canescens Wirt.

Exsicc. Nr. 227—227 d.

Wälder; zerstreut, fast selten.

Eschenberg an der Strasse zum Bruderhaus; Winterberger Steig: Formen, deren Schösslingsaxe nur verein-
zelte Stieldrüsen trägt, neben Formen, die den Uebergang
zu *R. setoso-glandulosus* Wirt. bilden; ob dem Vogelsang-
Winterthur an der Strasse durch's frühere Lärchen-
wäldchen.

b) *inter canescentem et glabratum.*

Exeice. Nr. 228 — 228 d.

Die vielen Formen des *R. tomentosus*, die je durch ungleiche Stärke der Pubescenz und durch Verschiedenheit in der Zahl der Stieldrüsen und Stachelchen von einander abweichen, stellen in unserem Florengebiete keine selbstständig gewordenen Typen dar. Sie sind vielmehr die durch zahlreiche Zwischenformen mit einander verbundenen Erscheinungsformen des gleichen Typus. Die sub *b* zu nennenden Formen sind oberseits grün, jedoch nicht völlig kahl. Ihre Axe ist kahl und drüsenlos oder sie besitzt doch nur in spärlichem Grade Haare und Stieldrüsen. Bestachelung gleich.

Die Form findet sich an gleichen Stellen mit a. u. c. Brühlbachtobel ob Sennhof: Winterberger Steig vor Kempttal; hier auch in Formen mit ziemlich reichlicher Drüsigkeit und feiner Bestachelung der Axen: an der Querstrasse vom Vogelsang zur Bruderhausstrasse.

c) *glabratus* Focke = R. tomentosus var. glabratus Godr.

Exsicc. Nr. 229, 229 a, 229 b.

Mit *a* und *b*, doch seltener als beide.

Brühlbachtobel ob Sennhof: Winterberger Steig vor Kempttal; im Bähntal an der Strasse nach Nussberg.

2. **setoso-glandulosus** Wirtg.

a) *canescens* = R. cinereus Rchb.

Exsicc. Nr. 230.

Winterberger Steig vor Kempttal.

b) *glabratus* = R. Lloydianus G. Genev.

Exsicc. Nr. 231, 231 a.

Bähntal, an der Strasse von Kollbrunn nach Nussberg: Winterberger Steig vor Kempttal.

3. **villicaulis** Gremli.

a) *canescens.*

Die Combination der oberseits aschgraufilzigen Blätter mit dicht filzig-zottiger Axe habe ich bisher im Gebiete nicht beobachtet.

b) *glabratus.*

Exsicc. Nr. 232, 232 a, 232 b.

Selten.

Winterberger Steig vor Kempttal: Bähntal, an der Strasse von Kollbrunn nach Nussberg.

Bastarde des R. tomentosus Borkhausen.

a) Stieldrüsenlose Formen.

R. tomentosus Borkh. × *R. bifrons* Vest.

Exsicc. Nr. 233—233 f.

Auf dem Plateau des Brühlberges bei Winterthur; im Brühlbachtobel ob Sennhof, hier in Formen, die ziemlich reichliche Fruchtentwicklung zeigen; Winterberger Steig vor Kempttal; an der Querstrasse vom Vogelsang-Winterthur zur Bruderhausstrasse.

R. tomentosus Borkh. × *R. thyrsoidens* sens. coll. an macrostemon?

Exsicc. Nr. 234, 234 a.

Hierher ziehe ich zwei Formen, welche von den vorigen durch den stark gefurchten Schössling, central entspringende, stärker gezahnte Blättchen und gekrümmte Stacheln an der Blütenstandsaxe verschieden sind.

Vogelsang bei Winterthur; Bolsterenbuck ob Kollbrunn.

b) Stieldrüsenführende Formen.

R. tomentosus Borkh. × *R. Radula* Wh.

Exsicc. Nr. 235.

Schössling kantig gefurcht, zerstreut behaart, Behaarung aus Sternhäärchen, Büschelhaaren und Striegelhaaren bestehend; mit vereinzelten kurzen Stieldrüsen; Stacheln gleich, ziemlich kräftig, gerade; Stachelchen fehlend. Blätter meist fussförmig, 5 zählig; untere Seitenblättchen kurz gestielt, oft fast am Grunde der Stiele der obern Seitenblättchen entspringend, Nebenblätter drüsig gewimpert; Blattstiel rinnig, behaart und stieldrüsig; Mittelblättchen eiförmig oder rundlich eiförmig, am Grunde ausgerandet oder meist deutlich herzförmig, zugespitzt, oberseits fast kahl, unterseits filzig; Zahnung grob, ungleichmässig, Spreite vorn oft etwas eingeschnitten. Blütenaxe kantig, etwas gefurcht, abstehend behaart, abwärts fast zottig; Stacheln ziemlich lang, obere meist gerade, stark nach rückwärts gerichtet; Stieldrüsen an den obern Teilen des Blütenstandes ziemlich zahlreich, aber kurz. Blätter der Blütenstandsaxe 5- oder meist 3 zählig, obere einfach und diese wenigstens mit zerstreuten Sternhäärchen. Endblättchen der 3 zähligen Blätter bisweilen keilig. Rispenäste ausgebreitet; Rispe bisweilen reichlich durchblättert. Blütenstiele dicht behaart, mit kurzen in der Behaarung fast verborgenen Stieldrüsen und langen Stachelchen. Kelchblätter nach der Anthere zurückgeschlagen. Blumenblätter ziemlich gross, breiteiförmig, aussen ziemlich dicht behaart, innen fast kahl, blass-rosa. Staubgefässe den Griffeln gleich hoch oder dieselben wenig überragend. Fruchtknoten behaart.

Hub; Winterberger Steig vor Kempttal.

238. *R. vestitus* Weihe et Nees.
Exsicc. Nr. 236—236 g.
Wälder; verbreitet.

Brühlbachtobel ob Sennhof an sonnigen, offenen Stellen; Winterberger Steig vor Kempttal; Eschenberg: am Wald-rand ob dem Vogelsang, Strasse zum Eschenberghof; Lindberg: Tössertobel, ob Reutlingen, beim Walkeweiher.

239. *R. conspicuus* P. J. Müller.
Exsicc. Nr. 237.
Selten.
Lindberg hinter dem Bäumli.

240. *R. semivestitus* Favrat.
Exsicc. Nr. 238.
Selten.
Ein Specimen, das ich im August 1887 auf dem Plateau des Brühlberg sammelte, will Favrat in sched. obiger Art unterordnen.

241. *R. teretiusculus* Kalt.
Exsicc. Nr. 239—239 g.
Lindberg: am Wege nach Reutlingen, hinter dem Bäumli; Eschenberg: vor dem Eschenberghof an der Strasse zum Aussichtsturm, ob dem Vogelsang; auf dem Wolfensberg ob Veltheim: Winterberger Steig vor Kempttal.

f. umbrosa.
Exsicc. Nr. 240, 240 a, 240 b.
Im Hochwald.
Von der typischen Form durch die dünnen, fast häutigen Blätter und die erheblich schwächere Pubescenz verschieden.
Lindberg, am Fussweg nach Reutlingen: im hinteren Eschenberger Wald.

f. valde villosa Favrat in sched.
Exsicc. Nr. 241.
Im Jahre 1888 habe ich Herrn Favrat, dem ausgezeichneten Kenner der westschweizerischen Rubi, eine Form zur Einsicht

geschickt, die mir eine Varietät des *R. restitus* W. et N. zu sein schien. Favrat hielt dieselbe für eine *f. valde villosa* des *R. teretinsculus*. Gremli glaubt, wie F. mir schreibt, es sei eine gute Art. Die Frage muss leider vor der Hand eine offene bleiben, da der Standort, rechts an der Landstrasse von Semnhof nach Kyburg, einige hundert Schritte ob der gedeckten Brücke, einer Rutschung wegen verschwunden ist und ich seither umsonst in der Nähe nach einer ähnlichen Form suchte. Nachfolgend die Beschreibung (nach meinen Exsiccaten):

Schössling kantig, flachseitig, kräftig. dichtzottig behaart. Behaarung mit ziemlich zahlreichen Stieldrüsen untermischt; Stacheln fast gleich; schwach, behaart; Blätter 3zählig oder fussförmig 5zählig. Blattstiel fast zottig behaart mit geraden oder schwach gebogenen rückwärts gerichteten feinen Stacheln bewehrt, wenig kürzer als das Endblättchen. Nebenblätter etwas breit. Blättchen dick, am Rande ungleich gesägt und gewimpert; oberseits mit anliegender ziemlich dichter glänzender Behaarung; unterseits sammtartig, weich, durch die dicht abstehende seidenglänzende Behaarung. Endblättchen rundlich, zugespitzt. an der Basis schwach herzförmig, bis 4 mal länger als sein Stielchen. Blütenstandsaxe dicht behaart, zottig mit zahlreichen geraden feinen Stachelchen bewehrt, Stieldrüsen kürzer als die abstehenden Haare. Blätter 3zählig, Seitenblättchen sehr kurz gestielt, fast sitzend, von der Pubescenz der Schösslingsblätter; obere blütentragende Aestchen fast rechtwinklig abstehend, reichlich bewehrt; Blütenstielchen filzig-zottig; längere Stieldrüsen die abstehenden Haare überragend; Kelch filzig-zottig, mit abstehenden Haaren, welche die reichlich vorkommenden Stieldrüsen überragen; Kelchzipfel an der Frucht zurückgeschlagen; Kronenblätter eiförmig, gegen die Basis keilig, beiderseits kurzhaarig. Staubgefässe (Filamente und Antheren) behaart, zahlreich, die Griffel überragend; Fruchtknoten kahl.

242. *R. suavifolius* Gremli.
Exsicc. Nr. 242, 242 a.
Lindberg bei Winterthur; Eschenberg: am Waldrand ob dem Vogelsang-Winterthur.

243. *R. Radula* Weihe et Nees.
Exsicc. Nr. 243—243 c.
Wolfensberg im Veltheimer Steinbruch: Brühlbachtobel ob Semnhof: an der Strasse von Nussberg nach Schlatt: im Eschenberg bei Winterthur.

244. *R. Rudis* Weihe et Nees.

Exsicc. Nr. 244—244 c.

Brühlberg bei Winterthur am Horizontalweg bei den grossen Eichen; Eschenberg: an der letzten Querstrasse vor dem Hof zum Eschenberg; Eschenbergstrasse; Lindberg: am Wege nach Reutlingen.

245. *R. saltuum* Focke.

Exsicc. Nr. 245—245 d.

Brühlberg bei Winterthur; ob Reutlingen im Lindberg; ob Töss auf dem Ebnet; Wolfensberg bei Veltheim.

246. *R. Weiheanus* Gremli.

Exsicc. Nr. 246.

Brühlberg bei Winterthur. — Nahestehende Formen auch aus dem Eschenberg und Lindberg.

247. *R. Guentheri* W. et N.

Exsicc. Nr. 247.

Vogelsang; im Brühlbachtobel ob Sennhof.

248. *R. Villarsianus* Focke.

Exsicc. Nr. 248—248 e.

Wälder; ziemlich häufig.

Winterberger Steig vor Kempttal; im Ebnet ob Töss; Eschenberg bei Winterthur; Lindberg: am Weg zum Bäumli im Tössertobel, beim Walkeweiher.

249. *R. dumetorum* sens. coll.

Exsicc. Nr. 249—249 g.

Häufig.

Hecken an der Strasse vom Haldengut zum Rosenberg; Lindberg: hinter dem Bäumli auf der gerodeten Waldstelle, im Tössertobel; Eschenberg; in der Schwärzi bei Hettlingen; Winterberger Steig vor Kempttal; im Brühlbachtobel ob Sennhof; am Kyburger Rain; ob den Weinbergen von Rickenbach; an der Brahalde bei Hünikon; ob Kollbrunn gegen Weisslingen.

250. *R. caesius* L.

Exsicc. Nr. 250.

Ueberall.

f. glandulosa.

Exsicc. Nr. 251, 251 a.

Mit der Normalform; verbreitet.

Bei der Hausermühle unterhalb Töss.

f. armata.

Exsicc. Nr. 252.

Mit der Normalform; verbreitet.

Hausermühle unterhalb Töss.

R. cæsius L. × *R. Idæus*, f. supercæsius.

Exsicc. Nr. 253.

Thalheim gegen Dynhard.

R. cæsius L. × *R. tomentosus* Borkh.

Exsicc. Nr. 254—254 l.

Am Wege vom Gütli ob dem Rychenberg-Winterthur gegen die Haldenstrasse; hinter dem Bäumli links von der Strasse längs des Waldrandes; an der Brahalde bei Hünikon; am Walkeweiher; auf dem Wolfensberg ob Veltheim; Brühlberg ob dem Gütsch; auf dem Ebnet ob Töss; Lindberg im Tössertobel; im Brühlbachtobel ob Sennhof.

R. cæsius L. × *R. thyrsanthus* sens. coll.

Exsicc. Nr. 255.

Lindberg: hinter dem Bäumli.

R. cæsius L. × *R. sulcatus* Vest.

Exsicc. Nr. 256—256 f.

Brühlberg-Winterthur ob den Gütschwiesen am Waldrande; Eschenberg gegen das Bruderhaus; Lindberg: am Waldrand beim Bäumli; Wolfensberg bei Veltheim; Brühlbachtobel ob Sennhof; am Waldrande bei Attikon.

Fragaria L.

251. *F. elatior* Ehrh.

Exsicc. Nr. 257.

Nicht sehr verbreitet.

Breite häufig (Siegfried, Keller); an der Strasse zum Bäumli (Keller); Wolfensberg (Hug, Siegfried).

252. *F. vesca* L.
Exsicc. Nr. 258.
Ueberall.

253. *F. collina* Ehrh.
Exsicc. Nr. 259.
Selten.
Südabhang vom Brühlberg (Siegfried); Lindberg (Hug).

Comarum L.
254. *C. palustre* L.
Sümpfe; selten.
Hettlinger Ried (Steiner); Moosburg bei Effretikon (Caflisch).

Potentilla L. *)
255. *P. erecta* L.
Exsicc. Nr. 260—260 d.
Wälder; häufig.

256. *P. strictissima* Zimm.
Exsicc. Nr. 261—261 c.
Am Südabhang von Hoh-Wülflingen (Siegfried); Beerenberg (Siegfried); Wolfensberg (Siegfried); Holzschläge ob Seen am Wege nach Sennhof (Keller); am Tössberg in Uebergängen zur typischen *P. erecta* L. (Keller).

257. *P. sciaphila* Zimm.
Exsicc. Nr. 262.
Einmal über der Breite (Siegfried); Kemptbrücke (Siegfried); im Walkeweiher (Keller).

258. *P. dacica* Borbás.
Exsicc. Nr. 263, 263 a.
Südabhang des Brühlberg (Siegfried); am Wolfensberg, hier auch mit Uebergängen zur typischen *P. erecta* L. und *fallax* Moris (Siegfried).

———

*) Nachfolgenden Standortsangaben liegen im wesentlichen die vielen Beobachtungen Herrn H. Siegfrieds zu Grunde. In der Anordnung und Nomenklatur folge ich im allgemeinen Zimmeters Uebersicht: „Die europäischen Arten der Gattung Potentilla." Der grössere Teil der von mir um Winterthur gesammelten Potentillen wurde seiner Zeit von Herrn Prof. Zimmeter revidiert. Ich spreche ihm auch an dieser Stelle meinen besten Dank aus.

259. *P. fallax* Moris.
Exsicc. Nr. 264.
Eschenberg (Imhoof); Wolfensberg (Siegfried).
P. reptans L. $\times$ *P. erecta* L.
P. adscendens Gremli = P. Gremlii Zimm.
Exsicc. Nr. 265.
Eschenberg (Hirzel, Imhoof); über der Breite massenhaft, ebenso links von der Strasse von der Breite zum Bruderhaus im Strassengraben (Siegfried); links an der Strasse
vom Bruderhaus zum Eschenberg (Siegfried). — Die Formen
der Eschenberger Standorte neigen im allgemeinen zu *P.
reptans* L. Wolfensberg links und rechts der Strasse bei
den ersten über Veltheim gelegenen lichten Fichtenbe-
ständen (Siegfried, Keller). Diese Formen neigen mehr
zu *P. erecta* L. hin. Im Eschenberg *f. aprica*, Wolfensberg *f. umbrosa*.

260. *P. reptans* L.
Exsicc. Nr. 266, 266 a.
Gräben, Wegränder; überall.

var. P. microphylla Tratt.
Exsicc. Nr. 267.
Strassenkies hinter der Gasfabrik (Siegfried); Eschen-
berg mittlere Strasse über der Breite durch den Wald
(Siegfried).

261. *P. Anserina* L.
Exsicc. Nr. 268, 268 a.
Wege, Strassengräben; überall.

f. aurantiaca Zimm.
Bei der Breite rechts an der Strasse gegen Vogelsang-
Winterthur (Siegfried).

f. sericea Hayne.
Exsicc. Nr. 269.
Nicht selten.
Schön ausgeprägt auf der Strasse ob dem Haldengut
(Keller); auf der Winterberger Steig (Keller); im Tobel
gegen die Hinterhub (Keller); Wolfensberg (Siegfried).

f. viridis Koch.

Exsicc. Nr. 270.

Wolfensberg (Siegfried).

262. *P. rubens* Crantz.

Exsicc. Nr. 271.

Sonnige Hügel: häufig.

f. aurantiaca.

Exsicc. Nr. 272.

Haldenberg bei Hard-Neftenbach (Keller).

P. superrubens Cr. $\times$ *P. opaca* L. non auct. $=$ *P. Kellerii* Siegfr.

Exsicc. Nr. 273.

Sehr selten.

Etwas unterhalb vom Hard rechts von der Strasse (Siegfried, Keller).

263. *P. opaca* L. non auct.

Exsicc. Nr. 274—274 l.

Häufig.

264. *P. serotina* Vill.

Exsicc. Nr. 275—275 d.

Veltheim bei der Spritzentrotte (Siegfried): zwischen Wülflingen und Hard am Strassenbord (Siegfried, Keller); in einer grossblütigen Form beim Auental (Keller, Siegfried).

265. *P. Neumanniana* Rchb.

Exsicc. Nr. 276.

Von der Wirtschaft oberhalb der gedeckten Brücke bei Pfungen gegen die Rotfarbe links an der Strasse (Siegfried, Keller).

266. *P. longifrons* Borbás.

Exsicc. Nr. 277.

Am Bach bei der Rotfarbe und am Abhang der Kiesgrube über der Ziegelei Neftenbach (Siegfried).

267. *P. Siegfriedii* Zimm.

Exsicc. Nr. 278.

Am Bache bei der Rotfarbe Neftenbach (Siegfried).

268. *P. æstiva* Hall. fil.

Exsicc. Nr. 279.

Nicht ganz typisch am Eulachufer in der Schützenwiese bei Winterthur (Siegfried, Hug).

269. *P. Amansiana* F. Schultz.

Exsicc. Nr. 280.

Rotfarbe Neftenbach und über der Ziegelei Neftenbach
gegen die Rotfarbe (Siegfried).

270. *P. Billoti* N. Boulay.

Exsicc. Nr. 281—281 c.

Hoh-Wülflingen.

Typisch auf Hoh-Wülflingen und beim Schweikhof
gegen Neuburg am Strassenabhang über dem Weihentaler
Ried (Siegfried).

271. *P. Vitodurensis* Siegfr.

Exsicc. Nr. 282.

Hard unweit des letzten Hauses rechts an der Strasse
nach Pfungen am Bord (Siegfried, Keller); am Abhang
von der Kiesgrube bei der Ziegelei Neftenbach (Siegfried);
Hoh-Wülflingen (Siegfried).

272. *P. albescens* Opiz.

Exsicc. Nr. 283.

In einer nicht ganz typischen Form am Wolfensberg
(Keller).

273. *P. aurulenta* Gremli.

Exsicc. Nr. 284, 284 a, 284 b.

Wolfensberg (Siegfried); Hoh-Wülflingen (Siegfried);
Hard vor Neftenbach (Siegfried, Keller); Abhänge der
Kiesgrube bei der Ziegelei Neftenbach (Siegfried); zwischen
Wartgut und Dättlikon nahe beim Wartgut rechts von der
Strasse und rechts am Fussweg zum Wartbad (Siegfried).

274. *P. explanata* Zimm. = *P. prostrata* Gremli.

Exsicc. Nr. 285.

Am Abhang gegen die Fabrik im Hard; Kiesstellen
bei der Ziegelei Neftenbach (Siegfried).

275. *P. intricata* Gremli.

Exsicc. Nr. 286.

Bei der Ziegelei Neftenbach gegen die Rotfarbe (Siegfried); Auental (Siegfried); im Hard (Siegfried).

276. *P. Turicensis* Siegfr.

Exsicc. Nr. 287—287 d.

Am südlichen Bord bei der Kiesgrube Neftenbach und rechts vom Strässchen von der Kiesgrube Neftenbach zur Ziegelei (Siegfried, Keller); Strassenbord beim Wartgut (Siegfried); obere Hub an dem Strassenabhang rechts (Siegfried); nicht ganz typisch in einem Holzschlag ob Seen am Waldweg nach Sennhof (Keller); ob den Weinbergen von Reutlingen (Keller); Maienried-Wülflingen (Siegfried).

277. *P. subopaca* Zimm. = P. superopaca L. non auct. × P. rubens Crantz.

Exsicc. Nr. 288.

Zwischen Wülflingen und dem ersten Hause im Hard (Siegfried); Auental (Siegfried, Keller); am Haldenberg beim Hard-Neftenbach (Keller, Siegfried); Hoh-Wülflingen (Siegfried).

278. *P. sterilis* L.

Exsicc. Nr. 289—289 b.

Waldränder, Raine; häufig.

Geum L.

279. *G. urbanum* L.

Exsicc. Nr. 290.

Hecken, lichte Waldstellen; häufig.

280. *G. rivale* L.

Exsicc. Nr. 291.

An Bächen, in nassen Wiesen; häufig.

Anmerkung. Ueber teratologische Abweichungen der Blütenbildung vergl. Keller: Bildungsabweichungen der Blüten angiospermer Pflanzen im Botan. Centralblatt. Bd. XXXII. 1887.

Rosa *)

281. *R. cinnamomea* L.

Exsicc. Nr. 292.

Wälder um Winterthur: selten.

Brühlberg am Waldrande ob dem Schlosshof (auch Steiner und Schellenbaum geben als Standort den Brühlberg an); Lindberg an der Strasse vom Rosenberg zum Walkeweiher.

Zahlreiche Büsche an der Töss ob dem Hard mit gefüllten Blüten, also Gartenflüchtlinge, stellen die *f. fœcundissma* Koch dar. Ebenso die Hecke hinter dem Gasthof zum Hirschen in Kyburg.

Exsicc. Nr. 293, 293 a.

282. *R. alpina* L.

Exsicc. Nr. 294—294 w.

Die Individuen starker Hispidität werden als *f. pyrenaica* Chr. bezeichnet; jene, deren Blütenstiele und Receptakel keine Stieldrüsen besitzen als *f. lœvis* Chr. Da beide Formen durch zahlreiche Uebergänge mit einander verbunden werden, sind sie unserem Dafürhalten nach nur individuelle Modificationen. Wir führen sie desshalb nicht besonders auf. Das gleiche gilt für die sog. var. *lagenaria* Vill. -- Individuen mit langen, flaschenförmigen Früchten und var. *globosa* Dev. — Individuen mit kugeligen Früchten. Alle diese Modificationen kommen im Gebiete vor.

Eschenberg nicht häufig im Steinbachtobel; um Seenhof reichlich, so im Brühlbachtobel, am Kyburger Rain, Tugsteinhalde, Biliker Tobel; Seemer Rüti bei Kollbrunn; Tobel bei Rykon; Röhrlitobel bei Schlatt; Fuchsloch bei der Winterberger Steig; im Homelholz bei Kyburg; Rossstall ob Kollbrunn.

Anmerkung. In meiner citierten Arbeit über die zürcherischen Rosen ist eine *f. latifolia* Seringe aus dem Brühlbachtobel erwähnt. Fortgesetzte Beobachtungen liessen in ihr eine typische *R. alpina* erkennen, deren Blätter in den letzten Jahren in ihrer Mehrheit nicht über die Durchschnittsgrösse der Alpinablätter hinausgiengen.

*) Die nachfolgenden Standortsangaben fussen fast ausschliesslich auf den Beobachtungen des Verfassers. Die Anordnung folgt der Monographie Christs: Die Rosen der Schweiz. Vergleiche auch Dr. Robert Kellers Wilde Rosen des Kantons Zürich im Botanischen Centralblatt, Bd. XXXV, 1888.

R. alpina L. × *R. tomentosa* Sm. *forma :* loc. cit. R. alpina
× R. mollis Sm.

Exsicc. Nr. 295—295 I.

Brühlbachtobel ob Sennhof in einer grössern Zahl von
Sträuchern, die bald mehr der ersten Art, bald mehr der
zweiten sich nähern.

Bezüglich der Formen verweisen wir auf die citierte Arbeit,
so wie auf einen in Vorbereitung begriffenen Artikel meiner Beiträge zur schweiz. Phanerogamenflora im Botan. Centralblatt.

283. *R. pomifera* Herrm.

Exsicc. Nr. 296.

Unterhalb des Hard am Tössufer gegen Pfungen (Imhoof).

284. *R. tomentosa* Sm.

Verbreitet.

f. typica Christ.

Exsicc. Nr. 297, 297 a.

Brühlbachtobel ; ob den Weinbergen von Reutlingen in
nicht ganz typischer Form.

f. subglobosa Baker.

Exsicc. Nr. 298—298 i.

In dieser durch die kugeligen Früchte gekennzeich-
neten Modification ist *R. tomentosa* Sm. durch das ganze
Gebiet verbreitet und stellenweise häufig

Brahalde-Hünikon ; Kyburg am Waldrand links von
der Strasse nach Fehraltorf ; an der Strasse von Schlatt
nach Langenhard ; Brühlbachtobel ; Eschenberg ; am Fussweg zum Bruderhaus oberhalb der Breite ; zwischen Nussberg und Schlatt am Ausgang des Waldes vor Schlatt ;
Tobel zur Hinterhub. In einer schönen, der *f. decolorans*
sich nähernden Form (298 i) hinter dem Bäumli im ersten
Schlag.

f. pseudocuspidata Crépin.

Exsicc. Nr. 299.

Vor Schlatt an der Strasse von Nussberg am Ausgang
des Waldes.

f. anthracitica Chr.

Exsicc. Nr. 300.

Ob den Reben bei Zünikon; nicht ganz typisch.

285. *R. rubiginosa* L.

f. umbellata Chr.

Exsicc. Nr. 301, 301 a, 301 b.

Nicht verbreitet und nur in wenigen nicht ganz typischen Sträuchern.

Im Grüt bei Dynhard ein Strauch, ähnlich ob der Schwärzi bei Hettlingen; als kleiner Strauch, der den Uebergang zur *forma comosa* bildet, im Paradies bei Ober-Embrach.

f. apricorum Ripart.

Exsicc. Nr. 302.

Selten.

In einer Waldwiese bei Schottikon.

f. comosa Chr.

Exsicc. Nr. 303 – 303 g.

Häufig.

Im Paradies bei Ober-Embrach; am Geltenbühl bei Dättlikon; an der Strasse von Nussberg nach Schlatt kurz vor dem Ende des Waldes; beim Steinbruch ob den Weinbergen von Reutlingen; Abhänge bei der Station Hettlingen; ob der Schwärzi an der Strasse nach Henggart und am Waldrande gegen Hünikon; unterhalb Hoh-Wülflingen; bei Kyburg; Reben ob der Rotfarbe Neftenbach.

f. Gremlii Chr.

Exsicc. Nr. 304—304 c.

Ob den Weinbergen von Reutlingen mehrere Sträucher.

286. *R. agestris* Sav.

Nicht häufig.

f. pubescens Rapin.

Exsicc. Nr. 305, 305 a.

An der Kyburger Schlosshalde; bei der Station Thalheim.

287. *R. tomentella* Léman.

Nicht häufig.

f. typica Chr.

Exsicc. Nr. 306—306 d.

Weinberge ob Reutlingen; Hünikon: typisch und in etwas abweichenden Modificationen an der Brahalde.

f. concinna Chr.

Im Gebiete nicht ganz identisch mit Christ's forma.

Exsicc. Nr. 307, 307 a.

Schottikon; im Paradies bei Ober-Embrach.

f. affinis Chr.

Exsicc. Nr. 308, 308 a.

An der Strasse von Nussberg nach Schlatt.

288. *R. trachyphylla* Rau.

Exsicc. Nr. 309—309 e.

f. typica Christ.

Im Kramer bei Hoh-Wülflingen: oberhalb Neuburg; im Kapf auf dem Brühlberg ziemlich häufig; am Geltenbühl bei Dättlikon; im Bähntal an der Strasse nach Nussberg; im Türliacker in Ober-Langenhard; am Weg von Kollbrunn nach Ober-Langenhard.

289. *R. canina* L.

f. Lutetiana Chr.

Exsicc. Nr. 310—310 h.

Durch das ganze Gebiet meist nicht selten.

Lindberg; Wolfensberg; Brühlberg; im Brühlbachtobel ob Sennhof; Kyburg; Kämleten; in der Eigelhart bei Pfungen; im Paradies bei Ober-Embrach: Brütten; Tobel zur Hinterhub; Reben ob der Rottfarb Neftenbach: Bolsternbuck bei Kollbrunn. In Bezug auf Form und Grösse der Blätter und der Receptakel vielfach ändernd.

f. dumalis Chr.

Exsicc. Nr. 311—311 i.

Durch das ganze Gebiet nicht selten.

Beim Walkeweiher; Wolfensberg ob Veltheim; Brühlberg bei Winterthur; im Gütsch; im Kapf; im Schönbühl
beim Ruchegg; ob den Weinbergen von Reutlingen; vor
Dättlikon; bei der Schwärzi-Hettlingen; Winterberg; Tugsteinhalde Sennhof; Brütten; Ober-Embrach; Elsau; Tobel
zur Hinterhub.

f. biserrata Baker.
Exsicc. Nr. 312—312 l.
Durch das ganze Gebiet nicht selten.

Lindberg; Wolfensberg; Hoh-Wülflingen; Brühlberg;
Weinberge ob Reutlingen; Tierlisberg ob Kollbrunn; im
Säftholz bei Nussberg; zwischen Schlatt und Langenhard;
Ober-Embrach; ob Kempttal gegen Winterberg; an der
Steig nach Brütten; vor Dättlikon; Tobel zur Hinterhub;
Bolsterenbuck bei Kollbrunn.

f. Andegavensis Rapin.
Exsicc. Nr. 313—313 d.
Nicht häufig.

Brühlberg, jedoch nicht ganz typisch; Tössberg: auf
dem Ebnet; ob Kempttal: Brühlbachtobel.

f. hirtella Christ.
Exsicc. Nr. 314—314 c.
Hoh-Wülflingen; am Tössberg; am Irchel zwischen
dem Wartgut und Dättlikon; zwischen Nussberg und Schlatt.

f. verticillacantha Baker.
Exsicc. Nr. 315—315 c.
An der Fahrstrasse zum Gütsch bei Winterthur; Gelten-
bühl bei Dättlikon; Weinberge bei Hünikon; im Grüt bei
Dynhard.

f. hispidula Ripart.
Exsicc. Nr. 316—316 c.
Wolfensberg ob den Veltheimer Weinbergen; Waldrand beim Paradies Ober-Embrach; Waldrand links an
der Strasse Elsau-Schottikon.

Anmerkung. Eine Modification *tenuicarpa* ist verschiedenen
der vorgenannten Formen unterzuordnen.

290. *R. glauca* Vill.
f. typica Chr.

Exsicc. Nr. 317.

Auf dem Wolfensberg; an der Töss ob dem Hard; Brühlbachtobel ob Sennhof.

f. complicata Chr.

Exsicc. Nr. 318.

Am Wolfbühl ob der Hofstatt unterhalb Hoh-Wülflingen.

f. subcannia Chr.

Exsicc. Nr. 319—319 d.

Lindberg; am Waldrand ob dem Süsenberg; beim Bäumli; im Kapf auf dem Brühlberg.

f. pilosula Chr.

Exsicc. Nr. 320.

Wolfensberg; im Kapf am Brühlberg.

R. ferruginea Vill.

Hirzel in Köll. Phanerog.

Sehr fraglich oder doch nur Gartenflüchtling!

291. *R. dumetorum* Th.
f. urbica Lehm.

Exsicc. Nr. 321, 321 a.

Am Tössberg; Kämleten; am Züniker Kirchweg; bei der Nagelfluhbank zwischen Elsau und Schottikon.

f. platyphylla Chr.

Exsicc. 322—322 h.

Brühl: über den Reben vom Grafenstein; Wolfensberg; an der Strasse zwischen Nussberg und Schlatt; an der Züniker Halde; am Weg von Madlikon nach Ober-Embrach; Breite bei Brütten; im Paradies bei Ober-Embrach; zwischen Kempttal und Winterberg; bei Kämleten; Hünikon.

f. Thuilleri Chr.

Exsicc. Nr. 323—323 d.

Hoh-Wülflingen; am Waldrande ob Schottikon; im Paradies bei Ober-Embrach; Haldenberg bei Dättlikon; Geltenbühl bei Dättlikon; in der Eigelhart bei Pfungen.

5

f. trichoneura Chr.

Exsicc. Nr. 324—324 c.

Weinberge zwischen Stadel und Ruchegg; Kyburg beim Aerni-Haus; im Paradies bei Ober-Embrach; ob dem Grüt bei Dynhard.

f. obtusifolia Chr.

Exsicc. Nr. 325, 325 a.

Im Hohlweg am Goldenberg bei Winterthur; Wurmetshalde bei Dättlikon.

f. Deseglisei Chr.

Exsicc. 326—326 h.

Hecken beim neuen Kirchhof in Winterthur; am Waldrand des Eschenberg ob dem Gut; auf dem Wolfensberg; Brühlbachtobel ob Sennhof; Kämleten; am Wege von Schottikon nach Elsau; Grüt bei Dynhard; zwischen Station Thalheim und Grüt; am Kyburger Schlossrain.

f. pseudocollina Chr.

Exsicc. Nr. 327, 327 a.

Nicht typisch und stets gegen die *f. Deseglisei* neigend.

Im Grüt bei Dynhard; zwischen Elsau und Räterschen.

292. *R. coriifolia* Fries.

f. scaphusiensis Chr.

Exsicc. Nr. 328.

Wolfensberg ob den ersten Häusern von Wülflingen.

f. subcollina Chr.

Exsicc. Nr. 329, 329 a, 329 b.

Brühlbachtobel ob Sennhof; Winterberg; Tössberg.

R. coriifolia Fr. × *R. gallica.*

Exsicc. Nr. 330, 330 a, 330 b.

An der Fahrstrasse zum Gütsch bei Winterthur; beim Schloss Mörsburg (spontan?).

293. *R. arvensis* L.

f. umbellata Godet.

Exsicc. Nr. 331, 331 a.

Wolfensberg; Hoh-Wülflingen.

f. repens Chr.
Exsicc. Nr. 332, 332 a.
Durch das ganze Gebiet sehr häufig.
Lindberg; Wolfensberg; Tössberg; Hoh-Wülflingen;
Eschenberg; Brühlbachtobel; Tobel zur Hinterhub; Winterberger Steig; ob der Station Seen; Bolsterenbuck bei
Kollbrunn.

Agrimonia L.
294. *A. Eupatoria* L.
Exsicc. Nr. 333.
Waldränder, Abhänge; häufig.

Alchemilla Scop.
295. *A. vulgaris* L.
Exsicc. Nr. 334.
Waldränder etc.; häufig.
296. *A. arvensis* L.
Aecker; selten.
Um Winterthur (Steiner).

Poterium L.
297. *P. dictyocarpum* Sp.
Exsicc. Nr. 335.
Wiesen, Wegränder etc.; gemein.

Sanguisorba L.
298. *S. officinalis* L.
Exsicc. Nr. 336.
Ruchried bei der Kreuzstrasse (Siegfried).

Pirus L.
299. *P. Malus* L.
Exsicc. Nr. 337.
Wälder; hin und wieder.
Wolfensberg (Siegfried); Kyburger Schlosshalde (Keller);
um Ober-Embrach (Keller).
300. *P. communis* L.
Exsicc. Nr. 338.
Wälder; hin und wieder.
Wolfensberg (Siegfried); Eigelhart bei Pfungen (Keller).

Sorbus L.

301. *S. Aucuparia* L.
Exsicc. Nr. 339.
Wälder; häufig.

302. *S. Aria* Cr.
Exsicc. Nr. 340.
Wälder; häufig.

S. Aria Cr. × *torminalis* Cr.
Exsicc. Nr. 341, 341 a.
Züniker Halde (Hirzel); Tössberg an der Nordseite über
dem Bahnwärterhäuschen an der Waldshuter-Linie (Siegfried); am Waldrand zwischen Dättnau und Neuburg (Siegfried); Alt-Wülflingen (Jäggi).

303. *S. torminalis* Cr.
Exsicc. Nr. 342, 342 a.
Wälder; häufig.

Mespilus Lan.
M. germanica L.
Hirzel in Köll. Phanerog.

Cratægus L.

304. *C. oxyacantha* L.
Exsicc. Nr. 343.
Hecken, Wälder; häufig.

305. *C. monogyna* Jug.
Exsicc. Nr. 344.
Wälder; nicht so häufig wie vorige.
Brühlbachtobel (Keller); Kyburg (Schellenbaum).

Cotoneaster Med.

306. *C. tomentosa* Lindl.
Exsicc. Nr. 345.
Wolfensberg (Herter, Hug, Siegfried); Tössberg vor
Hoh-Wülflingen (Weinmann, Siegfried, Hug, Herter, Keller);
Ebnet (Caflisch); Brühlbachtobel ob Sennhof (Keller);
Kyburger Schlossrain (Keller); Alt-Wülflingen (Caflisch).

XXVII. Philadelpheae Don.

Philadelphus L.

307. *Ph. coronarius* L.

Exsicc. Nr. 346.

Hin und wieder verwildert.

An der Kyburger Schlosshalde.

XXVIII. Onagrarieae Juss.

Epilobium L. *)

308. *E. angustifolium* L.

Exsicc. Nr. 347, 347 a.

Holzschläge; gesellig und verbreitet.

Eschenberg (Hug); über der Breite; an der Waldstrasse über Seen gegen den Eschenberghof; an der Töss; auf dem Brühlberg (Keller); Waldschläge ob Wiesendangen (Keller).

309. *E. rosmarinifolium* Hk.

Exsicc. Nr. 348, 348 a.

Kiesige Stellen; nicht häufig.

Wolfensberg; an den Ufern der Töss unterhalb Wülflingen (Steiner, Imhoof); unterhalb der Station Pfungen beim Strasseneinschnitt (Keller); Pfungen (Cathisch); linkes Tössufer zwischen Bodmersmühle und Hard.

310. *E. hirsutum* L.

Exsicc. Nr. 349—349 c.

Gräben; verbreitet.

Eschenberg; Eulach; Bettwiesenried; Kyburg (Keller); ob dem Gütsch (Keller); Hettlingen (Hug).

f. putata Haussk.

Exsicc. Nr. 350.

Winterthur, im Strassengraben östlich neben dem Spital.

---

*) Nachfolgende Standortsübersicht der Arten und Formen entnehme ich, wo nichts anderes angegeben ist, den Mitteilungen meines Freundes H. Siegfried, dem ich auch eine grössere Zahl von Professor Haussknecht revidierter Epilobienexsiccaten verdanke.

f. adenocarpa lanceolata Haussk.
Bettwiesenried.

311. *E. parviflorum* Schreb.
Exsicc. Nr. 351—351 c.
Gräben, Wälder; überall.

f. verticillatum Haussk.
Ob der Breite.

f. aprica Haussk.
Exsicc. Nr. 352.
Trockene, sonnige Waldschläge.

f. umbrosa Haussk.
Exsicc. Nr. 353.
Hinter der Gasfabrik im Strassengraben; Rosenberg
links an der Strasse in Gräben.

f. umbrosa aquatica Haussk.
Hinter der Gasfabrik.

E. parviflorum Schreb × *E. roseum* Schreb = E. opacum
Peterm.
Exsicc. Nr. 354.
Hinter der Gasfabrik; Strassengraben beim Haldengut-
Winterthur und beim Kantonsspital; Strassengräben beim
Rosenberg; Bettwiesenried.

E. parviflorum Schreb × *E. roseum* Schreb *f. putata* Haussk.
Bettwiesenried; im grossen Torfloch beim Rosenberg.

E. superparviflorum Schr. × *E. roseum* Schr. Haussk.
Links im Strassengraben über Veltheim zum Wolfensberg.

E. parviflorum Schr. × *E. montanum* L. = limosum Schr.
Ueber der Breite.

312. *E. tetragonum* L.
Exsicc. Nr. 355.
Sehr spärlich über der Breite-Winterthur; bei der
Brücke über die Eulach oberhalb der Festhütte.

E. adnatum Grsb. × *E. Lamyi* F. Sz.
Ueber der Breite ein Exemplar.

313. *E. Lamyi* F. Sz.
Exsicc. Nr. 356.
Nicht selten in der Umgebung von Winterthur.
Ueber der Breite in den Schlägen; in den Wald-
schlägen am Fussweg zwischen dem Eschenberghof und
Linsetal; Schläge ob dem Gütli-Lindberg.
f. umbrosa.
Eschenberg über der Breite.
f. annua.
Eschenberg über der Breite.
f. biennis.
subf. microphylla.
Eschenberg über der Breite.

E. Lamyi F. Sz. × *E. parviflorum* Schr. = E. Hauss-
knechtianum Borb.
Exsicc. Nr. 357.
Hinter der Gasfabrik; Eschenberg über der Breite.

E. Lamyi F. Sz. × *E. montanum* L.
Ueber der Breite.

314. *E. obscurum* Schreb.
Ueber der Breite sehr reichlich.
f. verticillata.
Ueber der Breite.
f. annua.
Ein Exemplar über der Breite.

E. obscurum Schr. × *E. montanum* L. = E. aggregatum Cv.
Waldschläge über der Breite im Eschenberg.

315. *E. roseum* Schr.
Exsicc. Nr. 358, 358 a, 358 b.
Häufig.
f. putata Haussk.
Hinter der Gasfabrik.

f. umbrosa.

Hinter der Gasfabrik und am Strassengraben beim Haldengut-Winterthur.

f. aprica Haussk.

Strassengraben bei der Brauerei Haldengut.

316. *E. montanum* L.

Exsicc. Nr. 359.

Sehr häufig.

f. verticillata Haussk.

Sehr selten. Ueber der Breite in zwei Exemplaren.

f. minor Haussk.

Exsicc. Nr. 360.

Als *Modif. aprica et umbrosa* überall in Waldschlägen mit der typischen Form.

f. umbrosa Haussk.

Exsicc. Nr. 361.

Mit der typischen Form.

E. montanum L. × *E. parviflorum* Schreb.

Exsicc. Nr. 362.

Hinter der Gasfabrik; über der Breite.

317. *E. palustre* L.

Exsicc. Nr. 363.

Hettlinger Ried (Hirzel).

Oenothera.

318. *O. biennis.*

Exsicc. Nr. 364.

Flussufer, Eisenbahndämme; häufig.

Vogelsang (Siegfried); Linsetal (Keller, Herter); Eisenbahndamm vor Kempttal (Keller); an der Töss (Herter, Steiner); zwischen Kollbrunn und Weisslingen (Hug).

Circæa L.

319. *C. Lutetiana* L.

Exsicc. Nr. 365.

Wälder; gemein.

XXIX. Halorageæ Br.

Hippuris L.

320. *H. vulgaris* L.

Teiche; selten.

Kyburg (Ziegler).

Myriophyllum L.

321. *M. verticillatum* L.

Exsicc. Nr. 366, 366 a, 366 b.

In Teichen, Riedbächen, Gräben: nicht selten.
Hettlinger Ried (Hirzel, Hug, Siegfried); Wiesendanger
Ried (Hirzel); Feuerweiher Ohringen (Siegfried, Herter);
Riedbach vor Ohringen (Keller); Torflöcher im Weihertaler
Ried (Siegfried, Herter); Ruchried (Siegfried).

XXX. Callitrichineæ Lk.

Callitriche L.

322. *C. stagnalis* Scop.

Exsicc. Nr. 367.

Am Hinterendliker Waldrand oberhalb der Hirschen
wiese in einem Sumpfgraben (Hirzel): Ohringer Feuerweiher (Siegfried, Herter).

f. platycarpa Kütz.

Ohringer Feuerweiher (Siegfried).

323. *C. vernalis* K.

Exsicc. Nr. 368.

Ohringer Feuerweiher (Siegfried, Herter): Kyburg
(Ziegler); Gräben an der Eulach (Steiner).

324. *C. hamulata* K.

Ohringer Feuerweiher (Siegfried).

XXXI. Ceratophylleæ Gray.

Ceratophyllum L.

325. *C. demersum* L.

Exsicc. Nr. 369.

Ohringer Feuerweiher (Siegfried); Torflöcher im Ruchried (Siegfried); Weihertaler Ried (Siegfried).

XXXII. Lythrarieæ Juss.

Lythrum L.

326. *L. Salicaria* L.

Exsicc. Nr. 370.

Gräben, Sumpfwiesen : überall.

XXXIII. Tamariscineæ Desv.

Myricaria Desv.

327. *M. germanica* Desv.

Exsicc. Nr. 371.

Flussufer; nicht häufig.

An der Töss (Weinmann, Herter); an der Töss unterhalb des Hard (Steiner, Imhoof); an der Töss beim Reitplatz (Gamper); gegen Kyburg (Steiner).

Paronychieæ St. Hil.

Herniaria L.

H. glabra L.

Steiner in Köll. Phanerog.

XXXIV. Portulacaceæ Dc.

Portulaca L.

328. *P. oleracea* L.

Exsicc. Nr. 372.

Wege, Schuttstellen; nicht häufig.

Beim Rychenberg-Winterthur (Keller): beim alten Turnhaus an der Trollstrasse (Keller).

XXXV. Scleranthoæ Lk.

Scleranthus L.

329. *Sc. annuus* L.

Exsicc. Nr. 373, 373 a.

Auf Stoppelfeldern hin und wieder.

XXXVI. Crassulaceæ Dc.

Sedum.

330. *S. maximum* Sut.

Exsicc. Nr. 374.

Schloss Wülflingen (Weinmann): Brühlberg (Siegfried):
an der Waldstrasse vom Eschenberghof nach Seen (Siegfried).

S. vulgare Lk.
Effretikon (Catlisch).

331. *S. rupestre* L.
Exsicc. Nr. 375.
Unterhalb Wülflingen gegen das Hard (Steiner, Weinmann, Schellenbaum, Herter, Siegfried).

332. *S. sexangulare* L.
Exsicc. Nr. 376, 376 a.
An Mauern, kiesigen Stellen; ziemlich häufig.
Hinter der Gasfabrik (Siegfried, Keller); Sennhof (Keller); Wolfensberg (Herter); unterhalb Wülflingen beim Hardberg neben *S. rupestre* (Herter).

333. *S. acre* L.
Exsicc. Nr. 377.
Sonnige Weiden längs der Töss zwischen Wülflingen und dem Hard (Schellenbaum).

334. *S. album* L.
Exsicc. Nr. 378.
An Mauern.
Wolfensberg (Siegfried).

XXXVII. Saxifragaceae De.

Saxifraga L.
335. *S. mutata* L.
Exsicc. Nr. 379.
Selten.
Brühlbachtobel ob Sennhof (Keller).

336. *S. granulata* L.
Selten.
Oberhalb Kempttal an dem Bahndamm zwischen Station und Effretikon (Siegfried).

337. *S. tridactylites* L.
Exsicc. Nr. 380.
Selten.
Vor Ober-Ohringen (Hirzel).

Chrysosplenium L.
338. *Ch. alternifolium* L.
Exsicc. Nr. 381.
Feuchte, schattige Orte; sehr häufig.

XXXVIII. Umbellatæ L.

Laserpitium L.
339. *L. latifolium* L.
Bergwälder; selten.
Linsetal (Herter).

Orlaya Hfn.
340. *O. grandiflora* Hfn.
Exsicc. Nr. 382.
Aecker; selten.
Pfungen (Weinmann); Ohringen (Keller).

Daucus L.
341. *D. Carota* L.
Exsicc. Nr. 383, 383 a.
Wiesen; überall.

Caucalis Hfn.
342. *C. daucoides* L.
Exsicc. Nr. 384.
Aecker; ziemlich häufig.
Turmhalde (Siegfried); Ohringen (Siegfried, Keller);
vor Hettlingen (Siegfried); Bruni bei Pfungen (Keller);
Acker ob der Turmhalde (Herter).

Torilis G.
343. *T. Anthriscus* Gm.
Exsicc. Nr. 385.
Häufig an Wegrändern etc.

An der Eulach (Siegfried, Herter); hinter der Giesserei (Siegfried); Wolfensberg (Siegfried); Hoh-Wülflingen (Siegfried); Brühlberg (Siegfried); Eschenberg (Hug).

344. *T. helvetica* Gm.
Exsicc. Nr. 386.
Aecker; selten.
Bei Pfungen (Hirzel).

Angelica L.
345. *A. silvestris* L.
Exsicc. Nr. 387, 387a.
Feuchte Waldstellen, Gräben; sehr häufig.

Selinum L.
346. *S. Carvifolia* L.
Hettlinger Ried (Steiner).

Peucedanum L.
347. *P. Cervaria* Cuss.
Exsicc. Nr. 388.
Hügel; nicht selten.
Südseite des Tössberges bei Hoh-Wülflingen (Steiner, Jäggi, Siegfried, Hug, Keller, Herter); Wolfensberg (Keller, Herter, Siegfried); um Kyburg (Keller); Beerenberg (Keller, Siegfried); Irchel (Herter).

348. *P. palustre* L.
Exsicc. Nr. 389.
Sumpfwiesen; ziemlich verbreitet.
Ohringer und Hettlinger Ried (Hirzel, Steiner, Siegfried); Ruchried (Siegfried); Weihertaler Ried (Siegfried, Herter); Südseite des Tössberges in den Sumpfwiesen bei Neuburg (Siegfried, Keller).

Pastinaca L.
349. *P. sativa* L.
Exsicc. Nr. 390.
Wiesen, Wegränder; gemein.

Heracleum L.

350. *H. Sphondylium* L.

Exsicc. Nr. 391.

Wiesen; gemein.

f. elegans Jacq.

Exsicc. Nr. 392.

Hin und wieder in Bergwiesen.

Wiesen an der Töss nahe der Kemptmündung (Keller);
sehr typisch ob Kempttal gegen Winterberg (Keller).

Fœniculum Ad.

351. *F. officinale* Ad.

Exsicc. Nr. 393.

Ungebaute Orte; selten.

Beim Kugelfang in Winterthur (Keller).

Silaus Bess.

352. *S. pratensis* Bess.

Exsicc. Nr. 394.

Riedwiesen.

Totentälchen (Herter) und anderwärts.

Aethusa L.

353. *Ae. Cynapium* L.

Exsicc. Nr. 395.

Wegränder, Stoppelfelder, Aecker; häufig.

Chærophyllum L.

354. *Ch. hirsutum* L.

Exsicc. Nr. 396.

Gräben, feuchte Wiesen; nicht häufig.

Am Graben in der Turmhalde (Siegfried, Herter): Waldgräben im Eschenberg (Siegfried).

355. *Ch. aureum* L.

Exsicc. Nr. 1007.

Auf der Breite in dem Buschwerk nach dem Walde
(Siegfried, Hug, Herter).

Ch. temulum L

Steiner in Köll. Phanerog.

Anthriscus Hfn.

356. *A. silvestris* Hfn.

Exsicc. Nr. 397.

Wiesen; überall.

Scandix L.

357. *S. Pecten veneris* L.

Exsicc. Nr. 398, 398 a, 398 b.

Unter Getreide: nicht selten.

Vor Oberwinterthur und hinter dem Dorfe gegen den Lindberg (Keller); Ohringen (Keller, Siegfried); im Bruni vor Pfungen und in den Aeckern gegenüber vom Wartbad (Keller); Wolfensberg (Hug, Siegfried); Aecker um Töss (Caflisch, Siegfried); Aecker im Oberfeld-Wülflingen (Herter).

Sium L.

358. *S. angustifolium* L.

Exsicc. Nr. 399.

Gräben, Bäche.

Um Pfungen (Steiner); Hettlingen (Siegfried, Hug); Kreuzstrasse (Siegfried); Gräben in den Riedwiesen zwischen Unter-Ohringen und Aesch zum Teil massenhaft (Keller); Ruchried Ober-Ohringen (Hug, Siegfried); Strassengraben ob dem Rosenberg).

Ammi L.

359. *A. majus* L.

Exsicc. Nr. 408.

Geiselweid-Winterthur in einem Kleeacker (Schellenbaum).

Aegopodium L.

360. *A. Podagraria* L.

Exsicc. Nr. 400, 400 a.

Hecken, Baumgäten; überall.

Pimpinella L.

361. *P. magna* L.

Exsicc. Nr. 401.

Waldwege, Waldränder: sehr häufig.

362. *P. Saxifraga* L.
Exsicc. Nr. 402.
Trockene Hügel; häufig.
var. hircina Mch.
Exsicc. Nr. 403.
Findet sich in meinem Herbarium von Hirzel, jedoch
ohne besondere Standortsangabe.

Carum L.
363. *C. Carvi* L.
Exsicc. Nr. 404.
Wiesen; häufig.

Bupleurum L.
364. *B. rotundifolium* L.
Exsicc. Nr. 405.
An dem Büntenwege, der von der Obermühle aus nach
dem Mattenbach führt (Schellenbaum); beim Brühl (Wein-
mann); einmal als Gartenunkraut in Töss (Caflisch).
B. falcatum L.
Clairville in Köll. Phanerog.

Conium L.
C. maculatum L.
Hirzel in Köll. Phanerog.

Sanicula L.
365. *S. europaea* L.
Exsicc. Nr. 406.
Wälder; sehr häufig.

Hydrocotyle L.
366. *H. vulgaris* L.
Exsicc. Nr. 407.
Nach Hirzel bei „Winterthur"; Hettlinger Ried (Steiner).

XXXVIII. Araliaceae Juss.

Hedera L.
367. *H. Helix* L.
Exsicc. Nr. 409.
Wälder; überall.

XXXIX. Corneæ Dc.

Cornus L.

368. *C. sanguinea* L.

Exsicc. Nr. 410.

Gebüsche, Wälder; häufig.

369. *C. mas* L.

Exsicc. Nr. 411.

Hecken, gebaut; selten verwildert.

XL. Loranthaceæ Don.

Viscum L.

370. *V. album* L.

f. platyspermum Keller.

Exsicc. vergleiche Belege zu Beiträge der schweizerischen Phanerogamenflora: II. Die Coniferenmistel im Bot. Centralblatt, 1890.

Bewohner von Laubhölzern: Obstbäume, Schwarzpappel, Hainbuche.

Auf *Pirus malus* durch das Gebiet immer noch zu häufig; auf *Populus nigra* im Sennhof (Keller); auf *Carpinus Betulus* am Kyburger Schlossrain (Keller).

f. hyposphærospermum Keller.

Modif. latifolia Keller.

Auf Weisstannen; nicht selten.

Eschenberg: an vielen Stellen (Keller); am Kyburger Schlossrain (Keller).

XLI. Caprifoliaceæ.

Viburnum L.

371. *V. Opulus* L.

Exsicc. Nr. 412, 412 a.

Gebüsch, Wälder; nicht selten.

Eschenberg: ob dem Gut (Keller); Tössberg (Keller, Siegfried); um Kempttal (Keller): Brühlbachtobel ob Sennhof (Keller).

372. *V. Lantana* L.
Exsicc. Nr. 413, 413 a.
Wie vorige.

Sambucus L.
373. *S. racemosa* L.
Exsicc. Nr. 414, 414 a.
Wie vorige.

374. *S. nigra* L.
Exsicc. Nr. 415.
Wie vorige.!

375. *S. Ebulus* L.
Exsicc. Nr. 416.
Wie vorige.

Adoxa L.
376. *A. moschatellina* L.
Exsicc. Nr. 417.
Turmhalde (Imhoof, Weinmann, Steiner, Gamper, Ziegler, Hug, Keller, Siegfried). Auch hier kaum spontan.

Lonicera L.
377. *L. nigra* L.
Gebüsch.
Eschenberg (Herter).

378. *L. Xylosteum* L.
Exsicc. Nr. 418.
Gebüsch, Wälder; überall.

379. *L. alpigena* L.
Exsicc. Nr. 419, 419 a, 419 b.
Bergwälder.
Sennhof (Imhoof); Fussweg zwischen dem Eschenberghof und Linsetal (Siegfried); reichlich im Brühlbachtobel (Keller); Vogthalde bei Kyburg (Pfau, Ziegler); gegen Kyburg (Steiner).

XLII. Rubiaceae Juss.

Galium L.

380. *G. boreale* L.
Exsicc. Nr. 420.
Feuchte Wiesen und Waldstellen.
Am Tössrain (Schellenbaum); Kyburg (Schellenbaum).

381. *G. rotundifolium* L.
Exsicc. Nr. 421—421 c.
Wälder; ziemlich häufig.
Eschenberg (Schellenbaum, Herter, Hug, Siegfried);
Tössberg (Keller); Winterberger Steig (Keller); Eggwald
ob Wiesendangen (Keller); Brühlberg (Herter, Siegfried);
Hoh-Wülflingen (Caflisch); Wolfensberg (Siegfried); Lindberg (Siegfried).

382. *G. Mollugo* L.
Exsicc. Nr. 422.
Wegränder, Waldwiesen etc.; sehr häufig.

383. *G. silvaticum* L.
Exsicc. Nr. 423, 423 a.
An Waldstrassen nicht selten.

384. *G. silvestre* Poll.
Exsicc. Nr. 424.
Waldränder, Triften.

385. *G. uliginosum* L.
Exsicc. Nr. 425.
Sümpfe; nicht häufig.
Weihertaler Ried (Siegfried); im Eschenberg am Wege
gegen den Eschenberghof links von der Strasse (Siegfried).

386. *G. palustre* L.
Exsicc. Nr. 426, 246 a.
Sumpfwiesen, Gräben; sehr häufig.

387. *G. verum* L.
Exsicc. Nr. 427.
Raine, trockene Wiesen; häufig.

388. *G. tricorne* With.
Dättlikon, Irchel (Jäggi).

389. *G. Aparine* L.
Exsicc. Nr. 428.
Aecker, Hecken; häufig.

390. *G. Cruciata* Scop.
Exsicc. Nr. 429, 429 a.
Hecken, Gräben etc.; häufig.

Asperula L.
391. *A. odorata* L.
Exsicc. Nr. 430.
Wälder; sehr häufig.

392. *A. cynanchica* L.
Exsicc. Nr. 431.
Trockene Orte unserer Hügel; sehr häufig.

393. *A. arvensis* L.
Exsicc. Nr. 432.
Aecker; selten.
Bei Pfungen auf Aeckern beim mittleren Bruni (Hirzel).

Sherardia.
394. *Sh. arvensis* L.
Exsicc. Nr. 433.
Acker; sehr häufig.

XLIII. Valerianeæ De.

Valeriana L.
395. *V. officinalis* L.
Exsicc. Nr. 434, 434 a.
Nicht selten.
Eschenberg (Siegfried); an der Töss (Schellenbaum, Siegfried, Keller); an der Kempt vor Kempttal (Keller); Bettwiesenried bei Ohringen (Hug, Siegfried); Neuburger Ried (Siegfried).

396. *V. sambucifolia* Mik.
Exsicc. Nr. 435.
An Bächen, in Wäldern; verbreitet.
Im Linsetal an der Töss zwischen Seunhof und der
Kyburger Brücke (Siegfried, Keller); Eschenberg über der
Breite (Siegfried); an der Töss unterhalb Töss (Siegfried);
waldiger Abhang gegenüber vom Kloster in Töss (Sieg-
fried); am Bache vor der Mühle in Weisslingen (Keller)

397. *V. dioica* L.
Exsicc. Nr. 436, 436 a.
Gräben, feuchte Wiesen; überall.

Valerianella Hall.
398. *V. Olitoria* Pall.
Exsicc. Nr. 437, 437 a.
Aecker; häufig.

399. *V. Morisonii* K.
Exsicc. Nr. 438.
In Getreideäckern nicht selten.

400. *V. Auricula* Dc.
Exsicc. Nr. 439.
Viel seltener als vorige Arten.
Eschenberghof gegen das Bruderhaus (Siegfried); Ky-
burg (Pfau).

XLIV. Dipsaceae Dc.

Scabiosa L.
401. *S. Columbaria* L.
Exsicc. Nr. 450.
Trockene Wiesen; häufig.

Succisa Mch.
402. *S. pratensis* Mch.
Exsicc. Nr. 451, 451 a.
Feuchte Waldwiesen; häufig.

Dipsacus L.

403. *D. silvestris* Huds.

Exsicc. Nr. 452, 452 a.

Selten.

An feuchten Stellen des Eschenberg (Imhoof); Kyburger Schlosshalde (Pfau, Keller); im Walde beim Weiher vor Ober-Ohringen (Hug, Siegfried); an der Eulach-Schützenwiese (Hug, Siegfried).

404. *D. pilosus* L.

Exsicc. Nr. 453.

Auf Schuttstellen; selten.

Einmal an einer Hecke bei der Kirche in Töss (Hirzel).

Trichera Schr.

405. *T. arvensis* Schrad.

Exsicc. Nr. 440.

Wiesen; überall.

406. *T. silvatica* Schr.

Exsicc. Nr. 441.

Wälder; häufig.